工业和信息化部"十四五"规划教材

物联网组网技术及应用

张佐理　陈学磊　主编

电子工业出版社·
Publishing House of Electronics Industry
北京·BEIJING

内容简介

本书主要介绍物联网组网技术及应用案例，针对物联网工程技术人员等岗位所涉及的职业技能要求，参照"1+X"传感网应用开发职业技能等级认证体系和全国职业院校技能大赛规范，积极探索"岗课赛证融通"育人模式。本书内容结构科学合理，既具有系统性、全面性，又重视新技术、新规范的融入，在强化实践技能培养的同时，重视创造性思维能力和职业道德的培养。本书包括 5 个项目、14 个任务，系统地介绍了物联网组网技术的相关知识。

本书可作为高职高专院校物联网应用技术、电子信息工程技术、计算机应用技术等电子与信息大类专业的教学用书，也可作为物联网工程技术人员的参考用书。

图书在版编目（CIP）数据

物联网组网技术及应用 / 张佐理，陈学磊主编. —北京：电子工业出版社，2024.1

ISBN 978-7-121-46997-8

Ⅰ．①物… Ⅱ．①张… ②陈… Ⅲ．①物联网 Ⅳ．①TP393.4 ②TP18

中国国家版本馆 CIP 数据核字（2024）第 007256 号

责任编辑：王艳萍　　　　　　　特约编辑：田学清
印　　刷：中煤（北京）印务有限公司
装　　订：中煤（北京）印务有限公司
出版发行：电子工业出版社
　　　　　北京市海淀区万寿路 173 信箱　　　　邮编：100036
开　　本：787×1092　　1/16　　印张：10.5　　字数：203 千字
版　　次：2024 年 1 月第 1 版
印　　次：2024 年 1 月第 1 次印刷
定　　价：41.00 元

凡所购买电子工业出版社图书有缺损问题，请向购买书店调换。若书店售缺，请与本社发行部联系，联系及邮购电话：（010）88254888，88258888。

质量投诉请发邮件至 zlts@phei.com.cn，盗版侵权举报请发邮件至 dbqq@phei.com.cn。

本书咨询联系方式：010-88254609，hzh@phei.com.cn。

前　言

本书重点介绍 RS-485 总线通信应用、ZigBee 无线通信应用、Wi-Fi 数据通信、LoRa 无线通信应用和蓝牙数据通信等内容，在介绍基本原理和概念的同时，将理论与实践相结合，通过 5 个项目帮助读者掌握物联网组网技术的相关知识。

1. 本书特点

循序渐进、通俗易懂：本书完全按照初学者的学习规律和习惯，由浅入深、由易到难地安排每个项目内容。

案例丰富、技术全面：本书的每个项目都是物联网组网技术的一个专题，每个案例都包含多个知识点。

2. 本书内容

本书从实际操作和应用的角度出发，包括物联网组网技术的 5 个项目。

项目一为基于工业总线的机床温度管理。

项目二为基于 ZigBee 的智能家居系统。

项目三为基于 Wi-Fi 的智能家居联动。

项目四为基于 LoRa 的厂区环境监测系统。

项目五为基于蓝牙 4.0 的温度计系统。

《物联网组网技术及应用》是 2023 年度浙江省产学合作协同育人项目（校行企协同构建电子技术应用创新实践教学体系）支撑建设的课程教材，并获得工业和信息化部"十四五"规划教材立项建设。

本书由温州职业技术学院的张佐理、陈学磊、郑泽祥、颜晓河，以及北京新大陆时代科技有限公司的穆仁梁和马节节共同编写。全书由张佐理统稿，并编写了项目一至项目三，陈学磊和郑泽祥编写了项目四，颜晓河、穆仁梁和马节节共同编写了项目五，参与项目五编写和指导工作的还有浙江工贸职业技术学院的赵秀芝、李文华，浙江安防职业技术学院的金恩曼和陈培余，浙江交通职业技术学院的洪顺利和黄欣欣，绍兴职业技术学院的赖其涛，温州科技职业学院的谢美芬，长江职业学院的舒松，甘肃机电职业技术学院的夏永祥，福建水利电力职业技术学院的谢廷凯，无锡商业职业技术学院的申小中和金华职业技术学院的邸奎。在此对所有参与编写和指导工作的人员表示衷心的感谢。

由于编者水平有限，书中难免存在不足之处，敬请广大读者批评指正，以便进一步完善。

编者

2023 年 5 月

目　录

基于工业总线的机床温度管理

本项目主要面向的工作领域是针对工业现场中的 RS-485 总线通信应用。随着生产设备的智能化，对生产设备的信息采集要求也越来越高。因为机器在长时间的工作过程中会出现温度异常，所以本项目旨在实现机床的温度信息检测功能。本项目介绍了 RS-485 标准的电气特性，并与 RS-232/RS-422 标准对比，分析了 RS-485 收发芯片的工作原理及典型电路，介绍了 Modbus 通信协议。通过搭建工业总线的生产技术设计，完成 RS-485 通信的构建和调试，并实现 Modbus 通信协议的应用。

任务一：建立 RS-485 通信协议

职业技能目标

- 掌握总线的基础知识。
- 掌握 RS-485 标准的特性。
- 了解 Modbus 通信协议的基础知识。
- 了解 RS-422、RS-232、RS-485 标准的区别。

任务描述与需求

车间生产设备因为摩擦会产生热量，工作时间的增加会导致机床高温，从而发生异常，本任务将采集机床温度，并通过 RS-485 总线进行数据传输。

1. 总线与串行通信

总线（Bus）是计算机各种功能部件之间传送信息的公共通信干线。它是由导线组成的传输线束。按照计算机传输的信息的种类，总线可以划分为数据总线、地址总线和控制总线，分别用于传输数据、传输地址和控制信号。总线是一种内部结构，是 CPU（中央处理器）、内存、输入设备和输出设备之间传输信息的公用通道。主机的各部件通过总线连接，外部设备（简称"外设"）通过相应的接口电路与总线连接，从而形成计算机硬件系统。在计算机硬件系统中，微型计算机以总线结构来连接各功能部件。

总线按功能和规范可分为以下五大类型。

数据总线：用于传输 CPU 与 RAM（Random Access Memory，随机存取存储器）之间需要处理或存储的数据。

地址总线：用于指定在 RAM 中存储的数据地址。

控制总线：用于将微处理器控制单元（Control Unit）的信号传输至周边设备。

扩展总线：外设和计算机主机进行数据通信的总线，如 ISA（Industry Standard Architecture，工业标准结构）总线、PCI（Peripheral Component Interconnect，外设部件互连标准）总线。

局部总线：取代更高速数据传输的扩展总线。

RS-485 通信隶属于串行通信范畴。串行通信作为计算机的通信方式之一，是计算机与外设或者其他计算机之间通过数据信号线、地线与控制线等按位传输数据的一种通信方式。串行通信具有传输线少、成本低的特点，主要适用于近距离的人机交换、实时监控等系统通信工作，借助于现有的电话网也能实现远距离传输，因此串行通信接口是计算机系统中的常用接口。

在计算机网络和分布式工业控制系统中，设备之间经常通过各自配套的标准串行通信接口及合适的通信电缆实现数据与信息的交换。

2. RS-485、RS-232、RS-422

RS-232 接口符合美国电子工业协会（EIA）制定的串行通信接口标准，原始编号全称是 EIA-RS-232。它被广泛用于计算机串行接口的外设连接。接口标准规定了电缆、机械、电气特性、信号功能及传送过程。

RS-232 接口标准规定的数据传输速率为 50bps、75bps、100bps、150bps、300bps、600bps、1200bps、2400bps、4800bps、9600bps、19200bps 等。

RS-232 是现在主流的串行通信接口之一，由于 RS-232 标准出现较早，难免有不足之处，主要有以下 4 点。

（1）接口的信号电平值较高，易损坏接口电路芯片。RS-232 接口的任一信号线电压均为负逻辑关系，如逻辑"1"为-15～-3V；逻辑"0"为 3～15V，噪声容限为 2V。换言之，要求接收器能识别高于 3V 的信号作为逻辑"0"，低于-3V 的信号作为逻辑"1"，TTL 电平为 5V 为逻辑正，TTL 电平为 0V 为逻辑负。RS-232 接口信号电平与 TTL 电平不兼容时，需要使用电平转换电路才能与 TTL 电路连接。

（2）数据传输速率较低，在异步传输时，数据传输速率为 20000bps，因此在 51CPLD 开发板中，综合程序的数据传输速率只能采用 19200bps。

（3）接口使用一根信号线和一根信号返回线构成共地的传输形式，这种共地传输容易产生共模干扰，所以抗噪声干扰性弱。

（4）传输距离有限，最大传输距离的标准值为 15m 左右。

DB-9 接口示意图如图 1-1-1 所示。

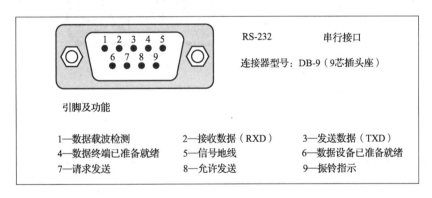

图 1-1-1 DB-9 接口示意图

在要求通信距离为数十米至数千米时，广泛采用 RS-485 串行总线。RS-485 采用平衡发送和差分接收，因此具有抑制共模干扰的能力。此外，总线收发器具有高灵敏度，能检测到低至 200mV 的电压，故传输信号能在千米以外得到恢复。

RS-485 采用半双工工作方式，发送电路须由使能信号加以控制。

RS-485 用于多点互连时非常方便，可以省掉许多信号线。应用 RS-485 可以联网构成分布式系统，允许最多并联 32 个驱动器和 32 个接收器。针对 RS-232-C 的不足，RS-485 具有以下特点。

（1）RS-485 的电气特性：逻辑"1"以两线间的电压差（2～6V）表示，逻辑"0"以两线间的电压差（-6～-2V）表示。RS-485 接口信号电平比 RS-232-C 低，不容易损坏接口电路芯片，且该电平与 TTL 电平兼容。

（2）数据的最高传输速率为 10Mbps。

（3）RS-485 接口采用平衡驱动器和差分接收器的组合，抗共模干扰能力强，即抗噪声性能好。

（4）RS-485 接口的最大传输距离的标准值约为 1219m，实际上可达 3000m。

（5）RS-232-C 接口在总线上仅允许连接一个收发器，具有单站能力；而 RS-485 接口在总线上允许连接多达 128 个收发器，具有多站能力，这样便于用户利用单一的 RS-485 接口建立设备网络。RS-422/RS-485 接口示意图如图 1-1-2 所示。

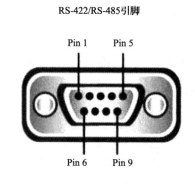

Pin 1	TXD–
Pin 2	TXD+
Pin 3	RTS–
Pin 4	RTS+
Pin 5	GND
Pin 6	RXD–
Pin 7	RXD+
Pin 8	CTS–
Pin 9	CTS+

图 1-1-2　RS-422/RS-485 接口示意图

RS-422 标准的全称是平衡电压数字接口电路的电气特性，定义了接口电路的特性，共 5 根线，有 1 根为信号地线。由于接收器采用高输入阻抗且具有比 RS-232 更强驱动能力的发送驱动器，故允许在相同传输线上连接多个接收节点，最多可连接 10 个节点，其中 1 个节点为主设备（Master），其余为从设备（Slave），从设备之间不能通信，所以 RS-422 支持点对多的双向通信。接收器的输入阻抗为 4kΩ，故发送端的最大负载能力是(10×4000+100)=40100Ω（终端电阻）。

RS-422 和 RS-485 电路的原理基本相同，都是以差动方式接收和发送，不需要数字地线，所以在同速率的条件下传输距离远，这正是二者与 RS-232 的根本区别，因为 RS-232

采用的是单端输入和输出，双工工作时至少需要数字地线、发送线和接收线（异步传输），还可以加上其他控制线完成同步传输等功能。

RS-422 通过两对双绞线可以实现全双工工作，接收和发送互不影响，而 RS-485 只能半双工工作，接收和发送不能同时进行，但只需要一对双绞线。RS-422 和 RS-485 在数据传输速率为 19200bps 时，传输距离为 1200m，用在新型收发器线路上可连接多台设备。

RS-422 的电气特性与 RS-485 相似，主要的区别在于 RS-422 有 4 根信号线，其中 2 根发送线（Y、Z）和 2 根接收线（A、B）。由于 RS-422 的收发是分开的，所以可以同时接收和发送（全双工），RS-485 有 2 根信号线，即发送线和接收线。四线全双工 RS-422 接线图如图 1-1-3 所示。

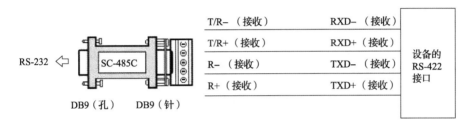

图 1-1-3　四线全双工 RS-422 接线图

RS-422 四线接口由于采用单独的接收和发送通道，因此不必控制数据方向，各装置之间任何信号交换均可以通过软件方式（XON/XOFF 握手）或硬件方式（一对单独的双绞线）实现。RS-422 的最大传输距离约为 1219m，最高数据传输速率为 10Mbps，其平衡双绞线的长度与数据传输速率成反比，在 100kbps 的数据传输速率下才可能达到最大传输距离，也只有在很短的距离下才能获得最高数据传输速率。一般 100m 长的双绞线上所能获得的最高数据传输速率仅为 1Mbps。

RS-422 需要一个终端电阻，要求其阻值约等于传输电缆的特性阻抗。在短距离传输时不需要终端电阻，即一般在传输距离小于 300m 时不需要终端电阻。终端电阻连接在传输电缆的最远端。

RS-232、RS-422、RS-485 三者间的区别如下。

（1）RS-232 和 RS-422 是全双工的，RS-485 是半双工的。

（2）RS-485 与 RS-232 仅仅是通信的物理协议（接口标准）有区别，RS-485 采用的是差分传输方式，RS-232 采用的是单端传输方式，但通信程序没有太多的差别。

若计算机上已经配备有 RS-232，则可以直接使用；若使用 RS-485 通信，则只要在

RS-232 接口上配接一个 RS-232 转 RS-485 的转换头，不需要修改程序。

RS-232、RS-422、RS-485 接口的外形一般都是 D 形 9 针头，取决于里面的数据线。

RS-232 是标准接口，为 D 形 9 针头，所连接设备的接口信号定义是一样的，信号定义如表 1-1-1 所示。

表 1-1-1 信号定义

外形	引脚	符号	输入/输出	说明
	1	DCD	输入	数据载波检测
	2	RXD	输入	接收数据
	3	TXD	输出	发送数据
	4	DTR	输出	数据终端已准备就绪
	5	GND	—	信号地线
	6	DSR	输入	数据设备已准备就绪
	7	RTS	输出	请求发送
	8	CTS	输入	允许发送
	9	RI	输入	振铃指示

RS-232 只允许一对一通信（具有单站能力），RS-232 通信原理如图 1-1-4 所示。

图 1-1-4 RS-232 通信原理

RS-485 接口在总线上允许连接多达 128 个收发器（具有多站能力），RS-485 通信原理如图 1-1-5 所示。

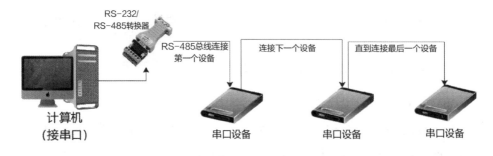

图 1-1-5 RS-485 通信原理

由于计算机默认只有 RS-232 接口，有两种方法可以得到计算机上位机的 RS-485 电路。

（1）通过 RS-232/RS-485 转换电路将计算机串口 RS-232 信号转换为 RS-485 信号，对于情况比较复杂的工业环境最好选用防浪涌、带隔离栅的产品。

（2）通过 PCI 多串口卡，可以直接选用输出信号为 RS-485 类型的扩展卡。

计算机通过 RS-232/RS-485 转换器，依次连接多个 RS-485 设备，采用轮询方式，总线上的设备轮流进行通信。

RS-485 的接线标识是 485+ 和 485-，分别对应连接设备（控制器）的 485+ 和 485-。

RS-485 的通信距离：从最远的设备（控制器）到计算机的理论距离是 1200m，建议控制在 800m 以内，能控制在 300m 以内效果最好。如果距离超长，那么可以选购 485 中继器（延长器），建议在专业的转换器生产公司购买，关于中继器的放置位置请参考厂家的说明书，选购的中继器理论上可以延长至 3000m。

RS-485 的负载数量为一条 RS-485 总线可以负载的设备（控制器）数量，取决于控制器的通信芯片和 RS-232/RS-485 转换器的通信芯片的选型，一般有 32 个、64 个、128 个、256 个这几种选择，这是理论值，在实际应用时，根据现场环境和通信距离等因素，负载数量往往更少。实际建议每条 RS-485 总线的负载数量控制在 80 个以内。

RS-485 总线必须用双绞线或者网线中的一组双绞线，如果用普通的电线（没有双绞），那么干扰将非常大，会导致通信不畅。

每个控制器必须"手牵手"地串接下去，不可以有星形连接或者分叉。如果有星形连接或者分叉，那么干扰将非常大，会导致通信不畅。

任务实施

1. 硬件选型

本任务以 STM32 单片机（型号：STM32F103C8T6）为核心。开发板引出了 STM32F103C8T6 单片机的大部分 I/O 端口资源，用户可在此基础上根据需求开发完整的系统。

STM32F103C8T6 是整个系统的控制核心，用户可任意编程。Cortex-M3 内核单片机的主频可达 72MHz，是最早的一款 32 位单片机，对用户而言，便于开发，难度系数较低。

STM32F103C8T6 单片机如图 1-1-6 所示。

项目中开发板引出了 RS-485 模块电路，并预留出串口 2，开发板从多角度考虑用户使用工业总线控制，并向用户提供参考示例。用户可以利用 RS-485 进行开发，也可以利用串口 2 接 GPS 模块进行 GPS 定位。需要注意的是，串口 2 和 RS-485 的功能不可以同时使用，因为只有一路串口。RS-485 接口如图 1-1-7 所示。

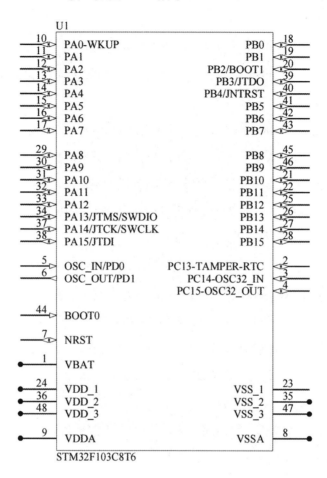

图 1-1-6　STM32F103C8T6 单片机

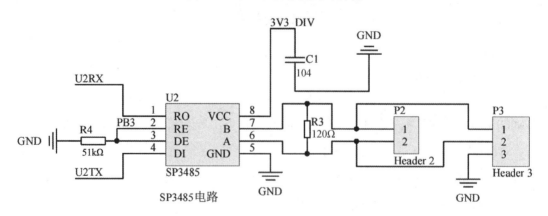

图 1-1-7　RS-485 接口

2．代码解析

RS485_Init(u32 bound)函数用于实现 RS-485 接口的初始化，相关代码如下。

```
1.  void RS485_Init(u32 bound)
2.  {
3.      //GPIO（通用输入/输出）端口设置
4.      GPIO_InitTypeDef GPIO_InitStructure;
5.      USART_InitTypeDef USART_InitStructure;
6.      NVIC_InitTypeDef NVIC_InitStructure;
7.      RCC_APB2PeriphClockCmd(RCC_APB2Periph_GPIOA|RCC_APB2Periph_GPIOB,
ENABLE);//使能，GPIOA 时钟，GPIOB 时钟
8.      RCC_APB1PeriphClockCmd(RCC_APB1Periph_USART2,ENABLE);//USART2
9.      USART_DeInit(USART2);  //复位串口 2
10.     //USART2_TX   PA2
11.     GPIO_InitStructure.GPIO_Pin = GPIO_Pin_2; //PA2
12.     GPIO_InitStructure.GPIO_Speed = GPIO_Speed_50MHz;
13.     GPIO_InitStructure.GPIO_Mode = GPIO_Mode_AF_PP;//复用推挽输出
14.     GPIO_Init(GPIOA, &GPIO_InitStructure); //初始化 PA2
15.
16.     //USART2_RX   PA3
17.     GPIO_InitStructure.GPIO_Pin = GPIO_Pin_3;
18.     GPIO_InitStructure.GPIO_Mode = GPIO_Mode_IN_FLOATING;//浮空输入
19.     GPIO_Init(GPIOA, &GPIO_InitStructure);  //初始化 PA3
20.     //PB3 ENABLE
21.     GPIO_InitStructure.GPIO_Pin = GPIO_Pin_3; //PB3
22.     GPIO_InitStructure.GPIO_Speed = GPIO_Speed_50MHz;
23.     GPIO_InitStructure.GPIO_Mode = GPIO_Mode_Out_PP;    //推挽输出
24.     GPIO_Init(GPIOB, &GPIO_InitStructure); //初始化 PB3
25.     //USART2 NVIC 配置
26.     NVIC_InitStructure.NVIC_IRQChannel = USART2_IRQn;
27.     NVIC_InitStructure.NVIC_IRQChannelPreemptionPriority=0 ;//抢占优先级 0
28.     NVIC_InitStructure.NVIC_IRQChannelSubPriority = 1;      //子优先级 3
29.     NVIC_InitStructure.NVIC_IRQChannelCmd = ENABLE;        //使能 IRQ 通道
30.     NVIC_Init(&NVIC_InitStructure);//根据指定的参数初始化 NVIC 寄存器
31.
32.     //USART 初始化设置
33.
34.     USART_InitStructure.USART_BaudRate = bound;//115200
35.     USART_InitStructure.USART_WordLength = USART_WordLength_8b;//字长为 8
位数据格式
```

```
36.      USART_InitStructure.USART_StopBits = USART_StopBits_1;//一个停止位
37.      USART_InitStructure.USART_Parity = USART_Parity_No;//无奇偶校验位
38.      USART_InitStructure.USART_HardwareFlowControl =
USART_HardwareFlowControl_None;//无硬件数据流控制
39.      USART_InitStructure.USART_Mode = USART_Mode_Rx | USART_Mode_Tx; //收
发模式
40.      USART_Init(USART2, &USART_InitStructure); //初始化串口
41.
42.      USART_ITConfig(USART2, USART_IT_RXNE, ENABLE);//开启中断
43.      USART_ITConfig(USART2, USART_IT_IDLE, ENABLE);//开启空闲中断
44.      USART_Cmd(USART2, ENABLE);                    //使能串口
45.
46.
47.      RS485_TX_EN=0;                     //默认为接收模式
48. }
```

void RS485_Send_Data(u8 *buf,u8 len)函数和 void USART2_IRQHandler(void)函数通过
RS-485 实现了串口收发功能。

```
1.   //RS-485 发送 len 字节
2.   //buf:发送区首地址
3.   //len:发送的字节数(为了和本代码的接收相匹配,这里建议不要超过 64 字节)
4.   void RS485_Send_Data(u8 *buf,u8 len)
5.   {
6.       u8 t;
7.       RS485_TX_EN=1;              //设置为发送模式
8.       for(t=0;t<len;t++)          //循环发送数据
9.       {
10.        while(USART_GetFlagStatus(USART2,USART_FLAG_TC)==RESET); //等待发送
结束
11.        USART_SendData(USART2,buf[t]); //发送数据
12.      }
13.      while(USART_GetFlagStatus(USART2,USART_FLAG_TC)==RESET); //等待发送结束
14.      RS485_RX_CNT=0;
15.      RS485_TX_EN=0;                     //设置为接收模式
16. }
17.
18. void USART2_IRQHandler(void)
19. {
20.      u8 res;
21.      if(USART_GetITStatus(USART2, USART_IT_RXNE) != RESET)//接收数据
```

```
22.        {
23.          res =USART_ReceiveData(USART2);//读取接收到的数据 USART2->DR
24.            if(RS485_RX_CNT<64)
25.            {
26.                RS485_RX_BUF[RS485_RX_CNT]=res;      //记录接收到的值
27.                RS485_RX_CNT++;                      //接收数据增加1
28.            }
29.        }
30.      if(USART_GetITStatus(USART2, USART_IT_IDLE) != RESET)//空闲
31.      {
32.        res =USART_ReceiveData(USART2);//读取接收到的数据 USART2->DR
33.          Rs485_Recok=1;//表明接收完成
34.      }
35. }
```

main 函数首先对所有需要的硬件进行初始化, 包含 LED(发光二极管)、串口 1、RS-485 接口等, 通过板载 RS-485 与计算机端 RS-232 接口实现数据收发。

```
1.   int main(void)
2.   {
3.     delay_init();           //初始化延时函数
4.     NVIC_Configuration();       //设置 NVIC 中断分组 2：2 位抢占优先级, 2 位响应优先级
5.     LED_Init();             //初始化与 LED 连接的硬件接口
6.     uart_init(115200);//初始化串口 1, 通过串口调试助手打印返回数据
7.     RS485_Init(115200);
8.     IWDG_Init(7,625);     //8s 一次
9.     TIM3_Int_Init(999,7199);//每 100ms 更新一次
10.    TIM4_Int_Init(999,7199);//每 100ms 更新一次
11.    while(1)
12.    {
13.            printf("123");
14.      if(Rs485_Recok)
15.      {
16.          RS485_Send_Data(RS485_RX_BUF,RS485_RX_CNT);
17.          Rs485_Recok=0;
18.      }
19.      delay_ms(500);
20.      IWDG_Feed();//喂狗
21.    }
22. }
```

任务二：搭建机床数据监控系统

- 了解 Modbus 通信协议。
- 掌握 Modbus 通信协议的传输方式。

车间生产设备因为摩擦会产生热量，但是工作时间的增加会导致机床高温，从而发生异常，本任务需要实现对机床温度的采集，并通过 Modbus 通信协议进行数据传输。

知识梳理

1. Modbus 概述

Modbus 通信协议由 Modicon（现为施耐德电气公司的一个品牌）于 1979 年开发，是全球第一个真正用于工业现场的总线协议。为了更好地普及和推动 Modbus 通信协议在以太网上的分布式应用，目前施耐德电气公司已将 Modbus 通信协议的所有权移交给分布式自动化接口（Interface for Distributed Automation，IDA）组织，并专门成立了 Modbus-IDA 组织，该组织的成立为 Modbus 通信协议的发展奠定了基础。

Modbus 通信协议是应用于电子控制器上的一种通用协议，目前已成为通用工业标准。控制器之间或者控制器与其他设备之间通过此协议可以经由网络（如以太网）通信。Modbus 通信协议使不同厂商生产的控制设备可以构成工业网络，进行集中监控。Modbus 通信协议定义了一个消息帧结构，并描述了控制器请求访问其他设备的过程、控制器如何响应来自其他设备的请求，以及如何侦测并记录错误。

在 Modbus 网络上通信时，每个控制器必须知道其设备地址，按地址识别发来的消息，决定要做何种动作。如果需要响应，那么控制器将按 Modbus 消息帧格式生成反馈信息并发送。

RS-485 标准只对接口的电气特性做出相关规定，并未对接插件、电缆和通信协议等进行标准化，因此用户需要在 RS-485 总线网络的基础上制定应用层通信协议。一般来说，各应用领域的 RS-485 通信协议都是指应用层通信协议。

在工业控制领域应用十分广泛的 Modbus 通信协议就是一种应用层通信协议，当其工作在 ASCII（American Standard Code for Information Interchanged，美国信息交换标准代码）或 RTU（Remote Terminal Unit，远程终端单元）模式时，可以选择 RS-232 或 RS-485 总线作为基础传输介质，在智能电表领域也有同样的案例，如多功能电能表通信规约也是一种基于 RS-485 总线的应用层通信协议。

2．通信模型

Modbus 是一种单主或多从的通信协议，即在同一时间内总线上只能有一个主设备，但可以有一个或多个（最多可达 247 个）从设备。主设备是指发起通信的设备，而从设备是指接收请求并做出响应的设备。在 Modbus 网络中，通信总是由主设备发起，而从设备没有收到来自主设备的请求时，不会主动发送数据。Modbus 的通信模型如图 1-2-1 所示。

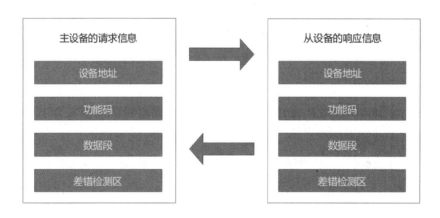

图 1-2-1　Modbus 的通信模型

主设备发送的请求报文包括设备地址、功能码、数据段、差错检测区，这些字段的内容与作用如下。

（1）设备地址是被选中的从设备的地址。

（2）功能码用于告知被选中的从设备要执行何种功能。

（3）数据段包含从设备要执行的功能的附加信息，如功能码"03"要求从设备读取保持寄存器并响应寄存器的内容，则数据段必须包含从设备读取寄存器的起始地址及数量。

（4）差错检测区为从设备提供一种数据校验方法，以保证信息内容的完整性。从设备的响应信息也包含设备地址、功能码、数据段和差错检测区。其中，设备地址为本机地址；数据段包含从设备采集的数据，如寄存器的值或状态。正常响应时，响应信息中的功能码与请求信息中的功能码相同；发生异常时，功能码将被修改，以指出响应信息是错误的。差错检测区允许主设备确认信息内容是否可用。

在 Modbus 网络中，主设备向从设备发送 Modbus 请求报文的模式有以下两种。

单播模式：主设备寻址单个从设备。主设备向某个从设备发送请求报文，从设备接收并处理完毕后向主设备返回一个响应报文。

广播模式：主设备向 Modbus 网络中的所有从设备发送请求报文，从设备接收并处理完毕后不要求返回响应报文。广播模式请求报文的设备地址为 0，且功能指令为 Modbus 标准功能码中的写指令。

3. 通信模式

Modbus 通信协议基于不同的物理链路存在不同的通信模式。例如，基于串行链路的 Modbus 通信协议有 RTU 和 ASCII 两种模式，而基于以太网物理链路的 Modbus 通信协议的通信模式为 TCP（Transmission Control Protocol，传输控制协议）模式。上述三种通信模式的数据模型与功能调用是相同的，唯一的不同之处在于传输报文的封装方式。

4. 寄存器

寄存器是 Modbus 通信协议的一个重要组成部分，用于存储数据。

Modbus 寄存器最初借鉴于可编程逻辑控制器（Programmable Logic Controller，PLC）。随着 Modbus 通信协议的发展，寄存器这个概念也不再局限于具体的物理寄存器，而是慢慢拓展至内存区域范畴。根据存储的数据类型及其读/写特性，Modbus 寄存器被分为 4 种类型，Modbus 寄存器的分类与特性如表 1-2-1 所示。

表 1-2-1　Modbus 寄存器的分类与特性

寄存器种类	特性说明	实际应用
线圈（Coil）状态	输出端口（可读可写），相当于 PLC 的数字量输出（DO）	LED 显示、电磁阀输出等
离散输入（Discrete Input）状态	输入端口（只读），相当于 PLC 的数字量输入（DI）	接近开关、拨码开关等
保持寄存器（Holding Register）	输出参数或保持参数（可读可写），相当于 PLC 的模拟量输出（AO）	模拟量输出设定值、PID 运行参数、传感器报警阈值等
输入寄存器（Input Register）	输入参数（只读），相当于 PLC 的模拟量输入（AI）	模拟量输入值

5. 消息帧格式

在计算机网络通信中，帧（Frame）是数据在网络上传输的单位，一般由多个部分组合而成，各部分执行不同的功能。Modbus 通信协议在不同物理链路上的消息帧是有差异的，此处主要介绍串行链路 RTU 模式的 Modbus 消息帧格式。

在 RTU 模式中，消息的发送与接收以至少 3.5 个字符时间的停顿间隔为标志。

Modbus 网络上的各设备都不断地侦测网络总线，计算字符间的间隔时间，判断消息帧的起始点。当侦测到地址域时，设备对其进行解码以判断该帧数据是否发送给自己。

另外，一帧报文必须以连续的字符流来传输。若在帧传输完成之前有超过 1.5 个字符时间的间隔，则接收设备将认为该帧报文不完整。

典型的 Modbus RTU 消息帧格式如表 1-2-2 所示。

表 1-2-2　典型的 Modbus RTU 消息帧格式

起始位	地址	功能码	数据	CRC	结束符
≥3.5	8 位	8 位	n 个 8 位	16 位	≥3.5 个字符

消息帧各组成部分及其功能如下。

（1）地址域。地址域存储了 Modbus 通信帧中的从设备地址，Modbus RTU 消息帧的地址域长度为 1 字节。在 Modbus 网络中，主设备没有地址，每个从设备都具有唯一的地址。从设备的地址范围为 0～247，其中，地址 0 作为广播地址，因此从设备实际的地址范围是 1～247。在下行帧中，地址域表明只有符合地址范围的从设备才能接收由主设备发送的消息。上行帧中的地址域指明了该消息帧来自哪一设备。

（2）功能码域。功能码域指明了消息帧的功能，其取值范围为 1～255（十进制）。在下行帧中，功能码告知从设备应执行的动作。在上行帧中，如果从设备发送的功能码与主设备发送的功能码相同，那么从设备已响应主设备要求的操作；如果从设备没有响应操作或发送出错，那么将返回的消息帧中的功能码最高位（MSB）设置为 1（加上 0x80）。例如，主设备要求从设备读一组保持寄存器时，消息帧中的功能码为 000000011（0x03），从设备正确执行请求的动作后，返回相同的值，否则从设备将返回异常响应信息，其功能码将变为 10000011（0x83）。

（3）数据域。数据域与功能码紧密相关，是存储功能码需要操作的具体数据。数据以字节为单位，长度是可变的。

（4）CRC（Cyclical Redundancy Check，循环冗余校验）域。Modbus RTU 消息帧的 CRC 域由 2 字节构成，其值是通过对全部报文内容进行 CRC 计算得到的，计算对象包括 CRC 域之前的所有字节。在 CRC 域中添加消息帧时，先添加低字节再添加高字节，因此最后 1 字节是 CRC 域的高字节。

任务实施

1. 添加代码包

1）添加湿度传感器驱动代码包

复制湿度传感器 HS1101 驱动代码文件夹"HS1101"至"task2_rs485-humidity"文件夹下。右击工程名称"Led-Control"，在弹出的快捷菜单中选择"Add Group…"命令，添加"HS1101"组，如图 1-2-2 所示。右击"HS1101"组，在弹出的快捷菜单中选择"Add Existing Files to Group 'HS1101'…"命令，将"HS1101.c"文件加入组中，如图 1-2-3 所示；按照图 1-2-4 所示的步骤将"HS1101"文件夹添加至"Include Paths"头文件下，以便编译时访问相应的头文件。

图 1-2-2　添加"HS1101"组

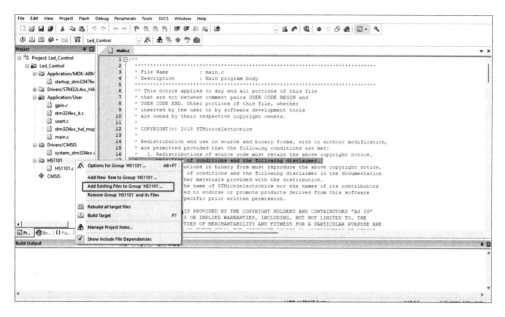

图 1-2-3　添加程序文件

图 1-2-4　添加"HS1101"文件夹

2）添加 RS-485 总线数据收发的相关代码包

复制 RS-485 总线数据收发代码文件夹"RS485"至"task2_rs485-humidity"文件夹下，并参照上文添加湿度传感器驱动代码包的方式在工程中添加"RS485"组，在该组中添加"rs485.c"文件。最后将"RS485"文件夹添加至"Include Paths"头文件下，以便编译时访问相应的头文件。

3）添加 Modbus 通信协议的相关代码包

复制 Modbus 通信协议的相关代码文件夹 "Modbus" 至 "task2_rs485-humidity" 文件夹下，并参照上文添加湿度传感器驱动代码包的方式在工程中添加 "Modbus" 组，在该组中添加相关的.c 源代码文件。最后将 "Modbus" 文件夹添加至 "Include Paths" 头文件夹下，以便编译时访问相应的头文件。

2. 核心代码解析

主函数中实现了设备的初始化，初始化完成后，使用 Modbus 通信协议将获取的温湿度数据通过 RS-485 总线传输。

```
1.   void Uart1_SendStr(char*SendBuf)//串口 1 打印数据
2.   {
3.       while(*SendBuf)
4.       {
5.           while((USART1->SR&0X40)==0);//等待发送完成
6.           USART1->DR = (u8) *SendBuf;
7.           SendBuf++;
8.       }
9.   }
10.  void Clear_Buffer(void)//清空缓存
11.  {
12.       u8 i;
13.       Uart1_SendStr(RxBuffer);
14.       for(i=0;i<100;i++)
15.       RxBuffer[i]=0;//缓存
16.       RxCounter=0;
17.       IWDG_Feed();//喂狗
18.
19.  }
20.
21.
22.  void Send_ATcmd(void)//向模块发送 AT 指令，串口 1 接收指令，串口 2 负责控制
23.  {
24.       char i;
25.       for(i=0;i<RxCounter1;i++)
26.       {
27.        while((USART3->SR&0X40)==0);//等待发送完成
28.        USART3->DR = RxBuffer1[i];
29.       }
```

```
30. }
31.
32. void OPEN_BC26(void)
33. {
34.   char *strx;
35.    printf("AT\r\n");
36.    delay_ms(300);
37.    strx=strstr((const char*)RxBuffer,(const char*)"OK");//返回 OK
38.    printf("AT\r\n");
39.    delay_ms(300);
40.    strx=strstr((const char*)RxBuffer,(const char*)"OK");//返回 OK
41.    IWDG_Feed();//喂狗
42.    if(strx==NULL)
43.      {
44.        PWRKEY=1;//拉低
45.        delay_ms(300);
46.        delay_ms(300);
47.        delay_ms(300);
48.        delay_ms(300);
49.        PWRKEY=0;//拉高，正常开机
50.        IWDG_Feed();//喂狗
51.      }
52.    printf("AT\r\n");
53.    delay_ms(300);
54.    IWDG_Feed();//喂狗
55.    strx=strstr((const char*)RxBuffer,(const char*)"OK");//返回 OK
56.    while(strx==NULL)
57.      {
58.        Clear_Buffer();
59.        printf("AT\r\n");
60.        delay_ms(300);
61.        LED=!LED;
62.        strx=strstr((const char*)RxBuffer,(const char*)"OK");//返回 OK
63.      }
64.    LED=0;
65.    IWDG_Feed();//喂狗
66. }
67.  int main(void)
68.  {
69.    delay_init();          //初始化延时函数
70.    NVIC_Configuration();     //设置 NVIC 中断分组 2：2 位抢占优先级，2 位响应优先级
71.    LED_Init();            //初始化与 LED 连接的硬件接口
72.    BC26CTR_Init();         //初始化 BC26 的 PWR 与 RESET 引脚
```

```
73.     uart_init(115200);//初始化串口1，通过串口调试助手打印返回数据
74.     RS485_Init(9600);//Modbus 波特率
75.     uart3_init(115200);//初始化串口3和GPRS连接串口3
76.     IWDG_Init(7,625);     //8s一次
77.     OPEN_BC26();//BC26开机
78.     TIM3_Int_Init(99,7199);//每10ms更新一次
79.      ModBus_ReadTemp();//读取温度数据
80.     while(1)
81.     {
82.         ModBus_RecData();//读取温湿度数据Modbus协议
83.         Uart1_SendStr("ModBus Read TempData:");
84.
85.         Uart1_SendStr("\r\n");
86.         Uart1_SendStr("ModBus Read HumiData:");
87.         Uart1_SendStr("\r\n");
88.         delay_ms(500);
89.         IWDG_Feed();//喂狗
90.     }
91. }
```

Modbus 协议主从函数的代码如下。

```
1.      u16 CRC_Compute(u8 *puchMsg, u16 usDataLen)
2.      {
3.          u8 uchCRCHi = 0xFF ;
4.          u8 uchCRCLo = 0xFF ;
5.          u32 uIndex ;
6.          while (usDataLen--)
7.          {
8.              uIndex = uchCRCHi ^ *puchMsg++ ;
9.              uchCRCHi = uchCRCLo ^ auchCRCHi[uIndex] ;
10.             uchCRCLo = auchCRCLo[uIndex] ;
11.         }
12.       return ((uchCRCHi<< 8)  | (uchCRCLo)) ;
13. }
14.
15.
16. u8 ModBus_ReadTemp(void)
17. {
18.     RS485_Send_Data(readtemp,8);
19.
20. }
21. u8 ModBus_ReadHumi(void)
```

```
22. {
23.     RS485_Send_Data(readhumi,8);
24.
25. }
26. void ModBus_RecData(void)//表示从设备发来的数据
27. {
28.     if(recflag==1)
29.     {
30.         if(RS485_RX_BUF[0]==0x01)//地址为1
31.         {
32.             switch(RS485_RX_BUF[1])//判断功能码
33.             {
34.                 case 4://读数据寄存器
35.                     calCRC=CRC_Compute(RS485_RX_BUF,RS485_RX_CNT-2);//计算CRC码
36.                     recCRC=((u16)RS485_RX_BUF[RS485_RX_CNT-2]<<8)|RS485_RX_BUF
[RS485_RX_CNT-1];   //读取CRC
37.                     if(calCRC==recCRC)//表明CRC正确
38.                     {
39.                         if(RS485_RX_BUF[2]==0x02)//读取2字节
40.                         {
41.                             if(count%2)//湿度
42.
humi=(float)((u16)(RS485_RX_BUF[3]<<8)|RS485_RX_BUF[4])/10.0;
43.                             else//温度
44.                                 temp
=(float)((u16)(RS485_RX_BUF[3]<<8)|RS485_RX_BUF[4])/10.0;
45.                         }
46.                     }
47.                     break;
48.             }
49.         }
50.         RS485_RX_CNT=0;
51.         recflag=0;
52.         count++;
53.         if(count%2)
54.         ModBus_ReadHumi();  //若为奇数，则读取湿度
55.         else
56.         ModBus_ReadTemp();//若为偶数，则读取温度
57.     }
58. }
```

项目二

基于 ZigBee 的智能家居系统

近年来，安全、健康、舒适、智能的居家理念深入人心，智能家居颠覆了传统的居家生活理念，带来了全新的生活方式。随着电子、通信与计算机技术的发展，智能家居的功能越来越完善，融入居家生活的方方面面。

拥有智能家居系统后，你一天的生活可能是这样的：

清晨，你睁开双眼，卧室的窗帘自动缓缓打开，阳光洒满小屋。这时，轻柔的音乐缓缓响起，饮水机自动烧水。经过简单的洗漱，你为自己做了一顿营养且丰富的早餐，刚端至桌前，电视机便自动开启，播放新闻，于是你边看电视边享用早餐……

用完早餐，打算出门，此时电视机、窗帘、照明灯、背景音乐等自动关闭。锁好门以后，智能安防系统悄然打开。在户外，你可以通过手机应用程序查看家里的情况。

傍晚回家前，你可以用手机提前打开家里的空调、热水器、电饭煲等。打开家门，就能感受到温暖的灯光、舒适的温度，扑鼻的饭香迎面而来。

睡觉前，你轻点手机上的"睡眠模式"按键，窗帘自动关闭，灯光缓缓变暗，在舒适的环境中，你逐渐进入梦乡……

本项目将揭开智能家居的神秘面纱，设计一个属于自己的智能家居控制系统。

任务一：建立 ZigBee 硬件环境

职业技能目标

- 了解 CC2530 的开发环境、开发功能和开发流程。
- 了解 ZigBee 硬件的串口通信、模数转换等功能。

任务描述与需求

任务描述：为了实现基于 ZigBee 的智能家居系统，需要搭建 ZigBee 的工作环境，因此需要了解 ZigBee 主控芯片 CC2530 的开发环境、开发功能和开发流程，为后续实现相关功能提供支撑。

任务需求：完成 CC2530 的 I/O 端口控制实验、完成 CC2530 的串口通信实验、完成 CC2530 的温湿度采集和串口发送实验。

知识梳理

1. CC2530

ZigBee 模块采用的 CC2530 是由德州仪器（TI）公司生产的可支持 IEEE 802.15.4、ZigBee 和 RF4CE 标准的片上系统（SoC）解决方案。CC2530 集成了业界领先的射频收发器和增强型 8051 单片机，运行内存为 8KB，配备了 32KB、64KB、128KB、256KB 的闪存块，还集成了一系列功能强大的外设。在软件方面，CC2530 支持 RemoTI、Z-Stack、SimpliciTI 等协议栈和 Basic RF 通信协议，极大地简化了使用者的开发流程。CC2530 能够以非常低的总材料清单成本构建健壮的网络节点。CC2530 芯片结构如图 2-1-1 所示。

本任务结合 ZigBee 的特点和功能搭建 ZigBee 核心板和 ZigBee 底板模块，ZigBee 核心板电路和 ZigBee 底板核心电路分别如图 2-1-2 和图 2-1-3 所示。本任务还通过"底板+核心板+传感器板"的结合实现项目的应用开发，采用温湿度传感器、光照度传感器、火焰报警传感器、人体红外传感器、继电器控制灯等终端模块。

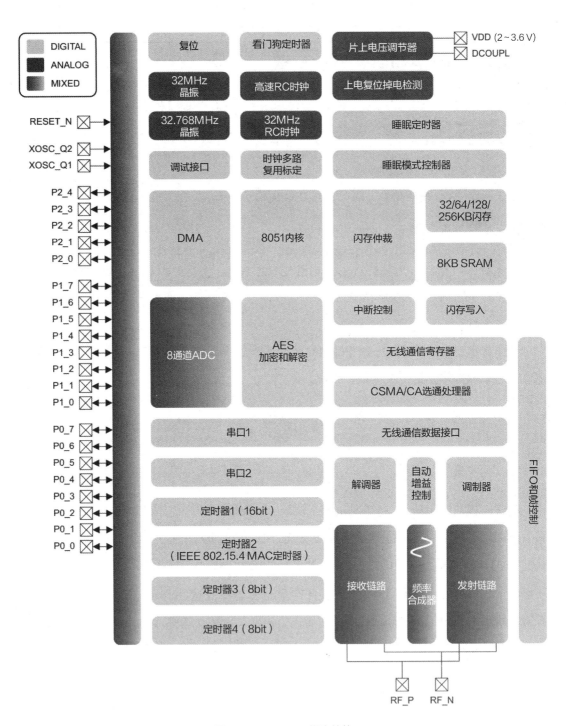

图 2-1-1 CC2530 芯片结构

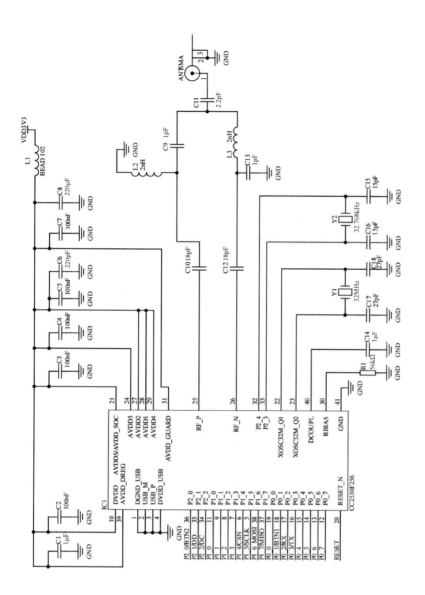

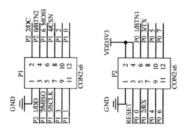

图 2-1-2　ZigBee 核心板电路

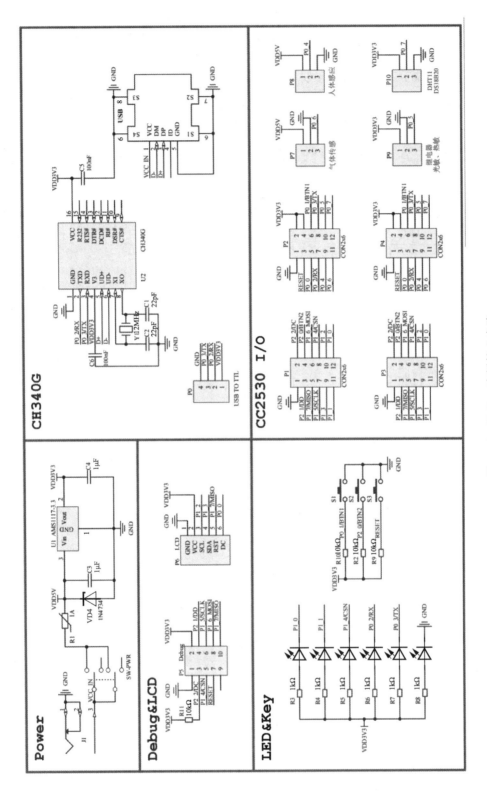

图 2-1-3　ZigBee 底板核心电路

2．开发环境

1）IAR Embedded Workbench for 8051

TI 公司提供的 Basic RF 软件包中的示例程序是基于 IAR Systems 公司开发的 IAR Embedded Workbench for 8051 集成开发环境（Integrated Development Environment，IDE）建立的。IAR Systems 公司是全球领先的嵌入式系统开发工具和服务的提供商，成立于 1983 年，其提供的产品和服务涉及嵌入式系统的设计、开发和测试的每个阶段，包括 C/C++编译器、调试器的 IDE、实时操作系统、中间件、开发套件、硬件仿真器及状态机建模工具，最著名的产品是 IAR Embedded Workbench for 8051，支持 ARM、AVR、MSP430 等众多芯片内核平台。

IAR Embedded Workbench for 8051 是一套精密且易用的嵌入式应用编程开发工具，包含 C/C++编译器、汇编工具、连接器、库管理器、文本编辑器、工程管理器、C-SPY 调试器。通过其内置的针对不同芯片的代码优化器，IAR Embedded Workbench for 8051 可以为微控制器或微处理器生成高效和可靠的代码，有效提高了用户的工作效率。

2）安装 IAR Embedded Workbench for 8051

本任务使用 IAR Embedded Workbench for 8051 的 8.10.1 版本，可以在官网中下载。

（1）双击安装文件，进入安装界面后，单击"Next"按钮，如图 2-1-4 所示。

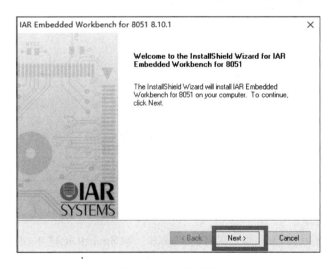

图 2-1-4　安装界面

（2）单击"I accept the terms of the license agreement"单选按钮并单击"Next"按钮，如图 2-1-5 所示。

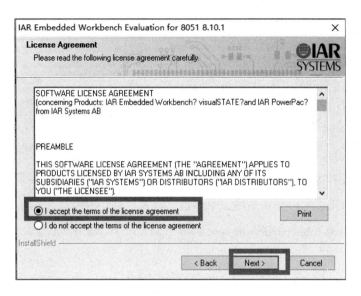

图 2-1-5　许可协议界面

（3）按照默认的要求进行安装，安装完成后单击"Finish"按钮，如图 2-1-6 所示。

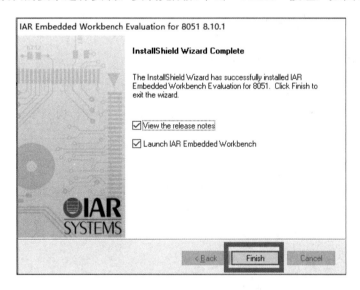

图 2-1-6　安装完成界面

3）安装驱动程序

TI 公司为 CC2530 提供了多个型号的调试器，如 SmartRF04EB、SmartRF05EB 和 CC Debugger 等。

CC Debugger 是用于 TI 公司的低功耗射频片上系统的小型编程器和调试器，支持 TI 公司的多个 CC 系列产品线。

CC Debugger 可以与 IAR Embedded Workbench for 8051（7.51A 或更高版本）一起使用以进行调试，还可与 SmartRF Flash Programmer（闪存编程器）一起使用以进行闪存编程。另外，CC Debugger 还可用于控制 SmartRF Studio 中的所选器件。CC Debugger 外观如图 2-1-7 所示。

图 2-1-7　CC Debugger 外观

将 CC Debugger 接入计算机的 USB 接口后，在设备管理器界面中将找到一个标有感叹号的未知设备，如图 2-1-8 所示。

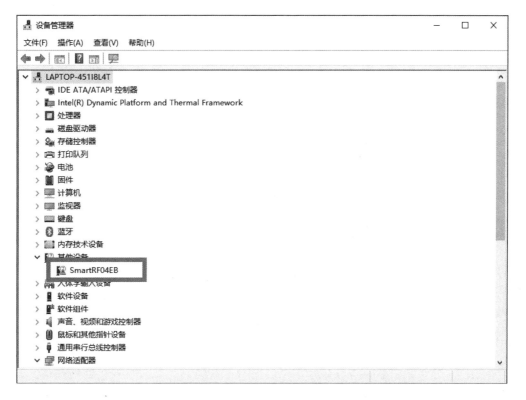

图 2-1-8　设备管理器界面

双击该未知设备，在弹出的属性框中单击"更新驱动程序"按钮，弹出更新驱动程序界面，如图 2-1-9 所示。

选择"浏览我的计算机以查找驱动程序软件(R)"选项，定位到路径"C:\Program Files（x86）\IAR Systems\Embedded Workbench 6.0 Evaluation_3\8051\drivers\Texas Instruments\win_64bit_x64"即可为 CC Debugger 安装驱动程序，如图 2-1-10 所示，单击"下一步"按钮，如果安装成功，则设备管理器界面如图 2-1-11 所示。

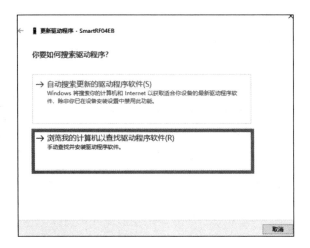

图 2-1-9　更新驱动程序界面

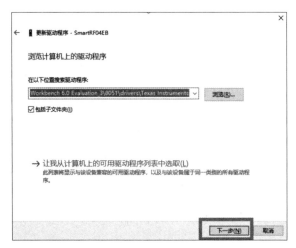

图 2-1-10　手动更新驱动

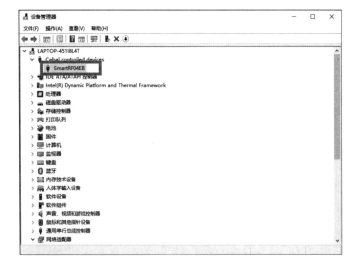

图 2-1-11　驱动安装成功

任务实施

1. CC2530 的 I/O 端口控制实验

通过实验掌握 CC2530 GPIO 的配置方法，使 LED 闪烁。LED 的电路原理如图 2-1-12 所示。

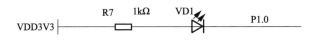

图 2-1-12　LED 的电路原理

由于 LED 具有单向导电特性，即只有在正向电压（正极接正，负极接负）下才能导通发光。P1.0 接 LED（VD1）的负极，所以当 P1.0 输出低电平时，VD1 点亮；当 P1.0 输出高电平时，VD1 熄灭。

P1.0 的相关寄存器如表 2-1-1 所示。

表 2-1-1　P1.0 的相关寄存器

寄存器	作用	描述
P1（0x90）	端口 1	可以通过该特殊功能寄存器位寻址
P1SEL（0xF4）	端口 1 功能选择	P1.7～P1.0 的功能选择： 0：通用 I/O 端口 1：外设功能
P1DIR（0xFE）	端口 1 方向	P1.7～P1.0 的 I/O 端口方向： 0：输入 1：输出
P1INP（0xF6）	端口 1 输入模式	P1.7～P1.2 的 I/O 输入模式。由于 P1.0 和 P1.1 没有上拉或下拉功能，暂时不需要配置 P1INP 0：上拉或下拉 1：三态

按照表 2-1-1，对 P1.0 进行配置，当 P1.0 输出低电平时，VD1 点亮，所以配置如下。

```
P1SEL &=~0x01;      //配置 P1.0 为通用 I/O 端口
P1DIR | = 0x01;     //配置 P1.0 为输出
```

CC2530 寄存器初始化时的默认值如下。

```
P1SEL = 0x00;
P1DIR = 0x00;
P1INP = 0x00;
```

所以根据 I/O 端口的初始化过程，可以简化初始化指令：

```
P1DIR | = 0x01;        //配置 P1.0 为输出
```

下面为核心代码讲解。main 函数作为程序入口，首先实现了 LED 的初始化，然后进入一个死循环，通过对 LED 的高、低电平转换和延时实现了 LED 的闪烁。

```
1.  /************************************************************** *
2.  程序入口函数
3.  **************************************************************/
4.  void main(void)
5.    {
6.      InitLed();                      //设置 LED 对应的 I/O 端口
7.      while(1)
8.      {
9.      LED1 = 0;
10.     DelayMS(1000);
11.     LED1 = 1;
12.     DelayMS(1000);
13.    }
```

InitLed 函数实现了 LED 的初始化，通过寄存器可以了解如何实现普通 I/O 端口的初始化。

```
1.  /**************************************************************
2.  * 名     称: InitLed()
3.  * 功     能: 设置 LED 对应的 I/O 端口
4.  * 入口参数: 无
5.  * 出口参数: 无
6.  **************************************************************/
7.  void InitLed(void)
8.  {
9.  P1DIR |= 0x01;                //P1.0 定义为输出口
10. }
```

DelayMS 函数为 ms 级延时函数，通过延时函数可以实现 LED 的闪烁功能，msec 延时参数的值越大，延时越久。

```
1.  /**************************************************************
2.  * 名     称: DelayMS()
3.  * 功     能: 以 ms 为单位延时，时钟为 16MHz 时，大约需要 530 次循环，系统时钟不修改，默认为 16MHz
4.  * 入口参数: msec 延时参数的值越大，延时越久
```

```
5.  * 出口参数：无
6.  ***************************************************************/
7.  void DelayMS(uint msec)
8.  {
9.  uint i,j;
10.
11. for (i=0; i<msec; i++)
12. for (j=0; j<530; j++);
13. }
```

2. CC2530 的串口通信实验

实验功能：通过实验掌握 CC2530 串口的配置与使用，并通过串口调试助手实现字符串的数据收发。

USB 转串口原理如图 2-1-13 所示。

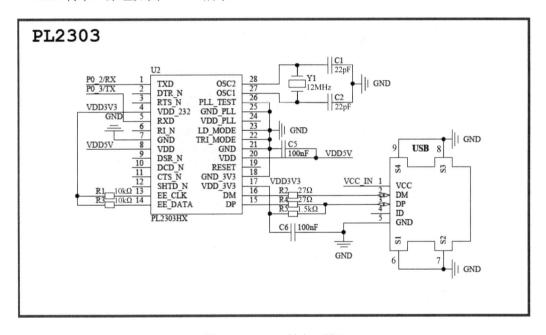

图 2-1-13 USB 转串口原理

通过图 2-1-13 可知，使用 P0_2 作为 RX（接收端），使用 P0_3 作为 TX（发送端），将 P0_2、P0_3 配置为外设功能。USART0 和 USART1 是串行通信接口，它们能够分别运行于异步 UART（通用异步收发器）模式或者同步 SPI（串行外设接口）模式，两个 USART（通用同步/异步收发器）具有同样的功能，可以设置在单独的 I/O 端口。

串口相关寄存器如表 2-1-2 所示。

表 2-1-2　串口相关寄存器

寄存器	位	描述
U0CSR（USART0 控制和状态寄存器）	Bit[7] MODE	USART 的模式选择： 0：SPI 模式 1：UART 模式
	Bit[6] RE	UART 的接收器使能： 0：禁用接收器 1：接收器使能
	Bit[5] SLAVE	SPI 的主模式或从模式选择： 0：SPI 主模式 1：SPI 从模式
	Bit[4] FE	UART 的帧错误状态： 0：无帧错误检测 1：字节接收到不正确停止位
	Bit[3] ERR	UART 奇偶错误状态： 0：无奇偶错误检测 1：字节接收到奇偶错误
	Bit[2] RX_BYTE	接收字节状态： 0：没有接收到字节 1：已准备好接收字节
	Bit[1] TX_BYTE	发送字节状态： 0：字节没有被发送 1：写到数据缓存寄存器的最后字节被发送
	Bit[0] ACTIVE	USART 发送/接收主动状态（在 SPI 的从模式下该位等于从模式选择）： 0：USART 空闲 1：在发送或者接收模式，USART 忙碌
U0GCR（USART0 通用控制寄存器）	Bit[7] CPOL	SPI 的时钟极性： 0：负时钟极性 1：正时钟极性
	Bit[6] CPHA	SPI 的时钟相位： 0：当 SCK 从 CPOL 倒转到 CPOL 时，数据在 MOSI 上输出，数据输入在 MISO 上采样 1：当 SCK 从 CPOL 反向转到 CPOL 时，数据在 MOSI 上输出，数据输入在 MISO 上采样
	Bit[5] ORDER	发送位的顺序： 0：LSB（最低有效位）先发送 1：MSB（最高有效位）先发送
	Bit[4:0] BAUD_E	波特率的指数值
U0BAUD（USART0 波特率控制寄存器）	BAUD_M[7:0]	波特率小数部分的值。BAUD_E 和 BAUD_M 决定了 UART 的波特率和 SPI 的主 SCK 时钟频率

续表

寄存器	位	描述
U0DBUF（USART0 接收/发送数据缓存寄存器）		USART0 表示接收/发送数据的缓存
UTX0IF（发送中断标志寄存器）	Bit[1] IRCON2	USART0 TX 的中断标志： 0：无中断未决 1：中断未决
CLKCONCMD（时钟控制命令寄存器）	Bit[7] OSC32K	32kHz 时钟的振荡器选择： 0：32kHz XOSC（外部时钟源） 1：32kHz RCOSC（内部振荡器）
	Bit[6] OSC	系统时钟源选择： 0：32MHz XOSC 1：16MHz RCOSC
	Bit[5:3] TICKSPD	定时器标记输出设置： 000：32MHz 001：16MHz 010：8MHz 011：4MHz 100：2MHz 101：1MHz 110：500kHz 111：250kHz
	Bit[2:0] CLKSPD	时钟频率： 000：32MHz 001：16MHz 010：8MHz 011：4MHz 100：2MHz 101：1MHz 110：500kHz 111：250kHz
CLKCONSTA		CLKCONSTA 是一个只读寄存器，用于获得当前时钟状态

UxBAUD.BAUD_M 和 UxGCR.BAUD_E 用于定义波特率，该波特率用作 UART 和 SPI 发送数据的时钟频率。单片机采用 32MHz 的系统时钟，常用的波特率设置如表 2-1-3 所示。

表 2-1-3　常用的波特率设置

波特率/bps	UxBAUD.BAUD_M	UxGCR.BAUD_E	误差
2400	59	6	0.14%
4800	59	7	0.14%
9600	59	8	0.14%
14400	216	8	0.03%
19200	59	9	0.14%
28800	216	9	0.03%
38400	59	10	0.14%
57600	216	10	0.03%
76800	59	11	0.14%
115200	216	11	0.03%
230400	216	12	0.03%

CC2530 配置串口的一般步骤如下。

（1）配置 I/O，使用外设功能，此处将 P0_2 和 P0_3 作为串口 UART0。

（2）配置相应串口的控制和状态寄存器。

（3）配置串口工作的波特率。

实现串口收发功能时的寄存器配置如下。

```
1.  PERCFG = 0x00;          //位置 1 P0
2.  P0SEL = 0x0c;           //P0_2 和 P0_3 用作串口(外设功能)
3.  P2DIR &= ~0XC0;         //P0 优先作为 UART0
4.  U0CSR | = 0x80;         //设置为 UART 方式
5.  U0GCR | = 11;
6.  U0BAUD |= 216;          //波特率设为 115200bps（根据表 2-1-3 中获得的数据）
7.  UTX0IF = 0;             //UART0 TX 中断标志初始值为 0
8.  U0CSR | = 0x40;         //允许接收
9.  IEN0 | = 0x84;          //开启总中断，允许接收中断
```

下面为核心代码讲解。main 函数作为程序入口，首先设置时钟并对串口进行初始化，初始化后进入死循环，等待单片机和计算机的串口调试助手接收和发送数据，实现串口的接收与发送。

```
1.  /*******************************************************************
2.  * 程序入口函数
3.  *******************************************************************/
4.  void main(void)
5.  {
6.      CLKCONCMD &= ~0x40;                    //设置系统时钟源为 32MHz 晶振
```

```
7.        while(CLKCONSTA & 0x40);                    //等待晶振稳定为 32MHz
8.        CLKCONCMD &= ~0x47;                          //设置系统主时钟的频率为 32MHz
9.
10.       InitUart();                                  //调用串口初始化函数
11.       UartState = UART0_RX;                        //串口 0 默认处于接收模式
12.       memset(RxData, 0, SIZE);
13.
14.       while(1)
15.       {
16.           if(UartState == UART0_RX)                //接收状态
17.           {
18.               if(RxBuf != 0)
19.               {
20.                   if((RxBuf != '#')&&(count < 50))//以"#"为结束符，一次最多接收
50 个字符
21.                       RxData[count++] = RxBuf;
22.                   else
23.                   {
24.                       if(count >= 50)              //判断数据的合法性，防止溢出
25.                       {
26.                           count = 0;               //计数清零
27.                           memset(RxData, 0, SIZE);//清空接收缓冲区
28.                       }
29.                       else
30.                           UartState = UART0_TX;   //进入发送状态
31.                   }
32.                   RxBuf = 0;
33.               }
34.           }
35.
36.           if(UartState == UART0_TX)                //发送状态
37.           {
38.               U0CSR &= ~0x40;                      //禁止接收
39.               UartSendString(RxData, count);       //发送已记录的字符串
40.               U0CSR |= 0x40;                       //允许接收
41.               UartState = UART0_RX;                //恢复到接收状态
42.               count = 0;                           //计数清零
43.               memset(RxData, 0, SIZE);             //清空接收缓冲区
44.           }
45.       }
46. }
```

InitUart 函数实现了串口的初始化。

```
1.    /************************************************************
2.    * 名    称: InitUart()
3.    * 功    能: 串口初始化函数
4.    * 入口参数: 无
5.    * 出口参数: 无
6.    ************************************************************/
7.    void InitUart(void)
8.    {
9.        PERCFG = 0x00;           //外设控制寄存器设置 UART0 的位置:0 为 P0 口备用位置
10.       P0SEL = 0x0c;            //P0_2 和 P0_3 用作串口（外设功能）
11.       P2DIR &= ~0xC0;          //P0 优先作为 UART0
12.
13.       U0CSR |= 0x80;           //设置为 UART 方式
14.       U0GCR |= 11;
15.       U0BAUD |= 216;           //波特率设为 115200bps
16.       UTX0IF = 0;              //UART0 TX 中断标志初始值为 0
17.       U0CSR |= 0x40;           //允许接收
18.       IEN0  |= 0x84;           //开总中断允许接收中断
19.   }
```

UartSendString 函数为串口发送函数,用于实现串口数据的长度统计和数据缓存。

```
1.    /************************************************************
2.    * 名    称: UartSendString()
3.    * 功    能: 串口发送函数
4.    * 入口参数: Data:发送缓冲区     len:发送长度
5.    * 出口参数: 无
6.    ************************************************************/
7.    void UartSendString(char *Data, int len)
8.    {
9.        uint i;
10.
11.       for(i=0; i<len; i++)
12.       {
13.           U0DBUF = *Data++;
14.           while(UTX0IF == 0);
15.           UTX0IF = 0;
16.       }
17.   }
```

3. CC2530 的温湿度采集和串口发送实验

实验功能:接收温湿度传感器 DHT11 采集的温湿度数据,并通过串口向串口调试助手发送数据。

温湿度传感器 DHT11 电路如图 2-1-14 所示。DHT11 是一款含有已校准数字信号输出的温湿度复合传感器。它采用专用的数字模块采集技术和温湿度传感技术，确保产品具有极高的可靠性与长期稳定性。

实验相关的寄存器中用到了串口和 P0_7，前面已详细讲解了串口相关寄存器的配置与使用，此处不再赘述。DHT11 程序采用模块化编程的思想，仅需调用温度读取函数即可，移植到其他平台也非常容易。下面重点介绍 P0_7 的配置和 DHT11 使用 P0_7 的方法。

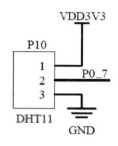

图 2-1-14　温湿度传感器 DHT11 电路

下面为实验核心代码讲解。main 函数作为程序入口，首先实现了温湿度传感器和串口的初始化，对获取的温湿度数据进行字符串转换，通过串口向串口调试助手发送数据。

```
1.   /*****************************************************************
2.   * 程序入口函数
3.   *****************************************************************/
4.   void main(void)
5.       {
6.       uchar temp[3];
7.       uchar humidity[3];
8.       uchar strTemp[13]="Temperature:";
9.       uchar strHumidity[10]="Humidity:";
10.      Delay_ms(1000); //稳定设备
11.      InitUart(); //串口初始化
12.    while(1)
13.    {
14.    memset(temp, 0, 3);
15.    memset(humidity, 0, 3);
16.    DHT11(); //获取温湿度数据
17.    //将温湿度数据转换为字符串
18.    temp[0]=wendu_shi+0x30;
19.    temp[1]=wendu_ge+0x30;
20.    humidity[0]=shidu_shi+0x30;
21.    humidity[1]=shidu_ge+0x30;
22.    //获得的温湿度数据通过串口输出到计算机上显示
23.    UartSendString(strTemp, 12);
24.    UartSendString(temp, 2);
25.    UartSendString(" ", 3);
26.    UartSendString(strHumidity, 9);
```

```
27.       UartSendString(humidity, 2);
28.       UartSendString("\n", 1);
29.       Delay_ms(2000); //延时，每2s读取1次
30.    }
31. }
```

以下为温湿度传感器的定义和温湿度传感器的驱动程序，通过 DHT11 函数实现传感器的启动和读取。

```
1.  /**********************************************************
2.  * 程序入口函数
3.  **********************************************************/
4.  //定义温湿度
5.  uchar ucharFLAG,uchartemp;
6.  uchar shidu_shi,shidu_ge,wendu_shi,wendu_ge=4;
7.  uchar
    ucharT_data_H,ucharT_data_L,ucharRH_data_H,ucharRH_data_L,ucharcheckdata;
8.  uchar
    ucharT_data_H_temp,ucharT_data_L_temp,ucharRH_data_H_temp,ucharRH_data_L_temp,ucharcheckdata_temp;
9.  uchar ucharcomdata;
10.
11. //温湿度传感器
12. void COM(void)      //写入温湿度
13. {
14.     uchar i;
15.     for(i=0;i<8;i++)
16.     {
17.        ucharFLAG=2;
18.        while((!DATA_PIN)&&ucharFLAG++);
19.        Delay_10us();
20.        Delay_10us();
21.        Delay_10us();
22.        uchartemp=0;
23.        if(DATA_PIN)uchartemp=1;
24.        ucharFLAG=2;
25.        while((DATA_PIN)&&ucharFLAG++);
26.        if(ucharFLAG==1)break;
27.        ucharcomdata<<=1;
28.        ucharcomdata|=uchartemp;
29.     }
30. }
31. void DHT11(void)    //温湿传感器启动
```

```
32. {
33.     DATA_PIN=0;
34.     Delay_ms(19);   //大于 18ms
35.     DATA_PIN=1;
36.     P0DIR &= ~0x80; //重新配置 I/O 端口方向
37.     Delay_10us();
38.     Delay_10us();
39.     Delay_10us();
40.     Delay_10us();
41.     if(!DATA_PIN)
42.     {
43.         ucharFLAG=2;
44.         while((!DATA_PIN)&&ucharFLAG++);
45.         ucharFLAG=2;
46.         while((DATA_PIN)&&ucharFLAG++);
47.         COM();
48.         ucharRH_data_H_temp=ucharcomdata;
49.         COM();
50.         ucharRH_data_L_temp=ucharcomdata;
51.         COM();
52.         ucharT_data_H_temp=ucharcomdata;
53.         COM();
54.         ucharT_data_L_temp=ucharcomdata;
55.         COM();
56.         ucharcheckdata_temp=ucharcomdata;
57.         DATA_PIN=1;
58. uchartemp=(ucharT_data_H_temp+ucharT_data_L_temp+ucharRH_data_H_temp+
ucharRH_data_L_temp);
59.         if(uchartemp==ucharcheckdata_temp)
60.         {
61.             ucharRH_data_H=ucharRH_data_H_temp;
62.             ucharRH_data_L=ucharRH_data_L_temp;
63.             ucharT_data_H=ucharT_data_H_temp;
64.             ucharT_data_L=ucharT_data_L_temp;
65.             ucharcheckdata=ucharcheckdata_temp;
66.         }
67.         wendu_shi=ucharT_data_H/10;
68.         wendu_ge=ucharT_data_H%10;
69.
70.         shidu_shi=ucharRH_data_H/10;
71.         shidu_ge=ucharRH_data_H%10;
72.     }
73.     else //没有成功读取，返回 0
```

```
74.     {
75.         wendu_shi=0;
76.         wendu_ge=0;
77.
78.         shidu_shi=0;
79.         shidu_ge=0;
80.     }
81.
82.     P0DIR |= 0x80; //需要重新配置 I/O 端口
83. }
```

任务二：ZigBee 的原理及协议栈通信

职业技能目标

- 了解 IEEE 802.15.4、ZigBee 和 Basic RF 的相关内容。
- 掌握 Basic RF 的原理。
- 掌握 ZigBee 的原理及开发流程。

任务描述与需求

任务描述：通过本任务了解 IEEE 802.15.4、ZigBee 和 Basic RF 三者的关系，并掌握 ZigBee 和 Basic RF 的开发流程及协议应用开发，为后续实现相关功能提供支撑。

任务需求：运用 Basic RF 协议栈，完成 Basic RF 无线点灯实验。

知识梳理

1. 认识 IEEE 802.15.4、ZigBee 和 Basic RF

1）IEEE 802.15.4

IEEE 802.15.4 是一种技术标准，由电气电子工程师学会（Institute of Electrical and Electronics Engineers，IEEE）802.15 工作组开发。在物联网领域对低复杂性、低速率及低功耗的需求日益增长的背景下，该标准的第一版于 2003 年应运而生。

IEEE 802.15.4 主要面向家庭自动化、工业控制、农业及安全监控等领域，定义了低速无线个域网（Low Rate-Wireless Personal Area Network，LR-WPAN）协议，规定了 LR-WPAN

的物理层（PHY）和介质访问控制层（MAC），是物联网领域很多协议标准的基础。

2）ZigBee

ZigBee 是一项近距离、低复杂度、低功耗、低速率、低成本的双向无线通信技术，主要用于对传输速率要求不高、传输距离短且对功耗敏感的场景，目前已广泛应用于工业、农业、军事、环保和医疗等领域。

ZigBee 可工作在 2.4GHz（全球）、868MHz（欧洲）和 915MHz（美国）三个频段上，传输速率分别为最高的 250kbps、20kbps 和 40kbps，传输距离为 10～80m，可通过加装信号增强模块来延长距离。

3）Basic RF

Basic RF 是 TI 公司为 CC2530 提供的 IEEE 802.15.4 标准或 ZigBee 标准的软件解决方案，以软件包的形式提供。该软件包由硬件抽象层、Basic RF 层和应用层构成，每层都提供了相应的应用程序编程接口（API）。

Basic RF 为数据的双向无线收发提供了一个简单的协议，还使用 CCM-64 身份验证和数据加密为数据传输提供了安全通道。

4）三者之间的关系

从上面的阐述可知，IEEE 802.15.4 是物联网领域很多 LR-WPAN 协议的基础，只定义了物理层和介质访问控制层，但是不足以保证不同设备之间的对话，因此包括 ZigBee 联盟在内的组织在 IEEE 802.15.4 的基础上定义了网络层（NWK）和应用层（APL）的规范，形成了一套完整的通信标准。ZigBee 与 IEEE 802.15.4 的关系如图 2-2-1 所示。

Basic RF 采用了与 IEEE 802.15.4 介质访问控制层兼容的数据包结构与 ACK（确认）包结构，其数据包的收发基于 IEEE 802.15.4，因此可以被认为是 IEEE 802.15.4 的子集。Basic RF 仅用于演示设备的无线数据传输功能，从严格意义上来讲，Basic RF 不包含完整的数据链路层或者介质访问控制层的协议标准，其功能限制如下。

（1）不会自动加入网络，不会自动扫描其他节点，没有组网指示信号。

（2）只提供点对点通信功能，所有的节点都是对等的，没有定义协调器、路由器或终端设备等。

（3）传输时会等待信道空闲，但不按 IEEE 802.15.4 CSMA-CA（免冲突的载波检测多址接入）的要求进行两次空闲信道评估（CCA）检测。

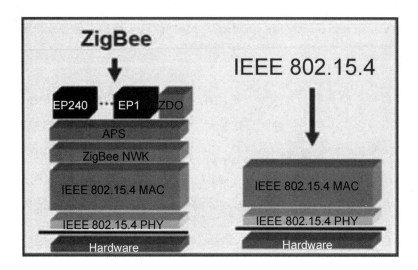

图 2-2-1　ZigBee 与 IEEE 802.15.4 的关系

（4）没有数据包重传机制。

综上所述，Basic RF 与 ZigBee 的共同点是均基于 IEEE 802.15.4 的物理层和介质访问控制层；不同点是 Basic RF 仅为数据的双向无线收发提供了一个简单的协议，功能较弱，而 ZigBee 具有完整的网络层、传输层和应用层的功能。

2．Basic RF 无线传输

Basic RF 功能较为简单，但可用作无线设备数据传输的入门学习工具。图 2-2-2 所示为 Basic RF 的工程列表和文件说明，通过程序包可以看到 Basic RF 的工程结构。

3．ZigBee 的特点及应用领域

1）ZigBee 的特点

（1）低功耗。

ZigBee 的传输速率低，发射功率仅为 1mW，而且具备休眠模式，因此 ZigBee 设备非常省电。据估算，采用 ZigBee 技术的终端设备仅靠两节 5 号电池就可以维持 6 个月至 2 年。

（2）低成本。

ZigBee 通过大幅简化协议，降低了对通信控制器的要求，以 8051 内核的 8 位微控制器测算，全功能的主节点的代码需要占用 32KB 的内存，子功能节点的代码仅需要占用 4KB 的内存。同时，ZigBee 技术的应用是免协议专利费的。

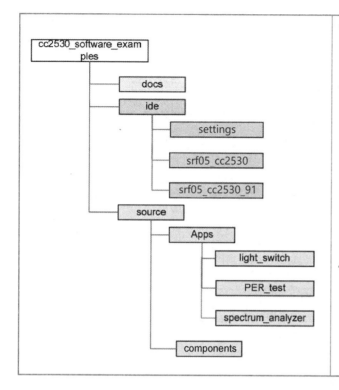

docs 文件夹：文件夹里只有一个名为 cc2530_software_examples 的 PDF 文档，文档的主要内容是 Basic RF 的特点、结构及使用。

ide 文件夹：打开文件夹后会有三个文件夹及一个 cc2530_sw_examples.eww 工程，该工程是无线点灯、传输质量检测、谱分析应用三者的集合。

- ide\settings 文件夹：包含每个基础实验的文件夹，主要保存个性化的 IAR 环境设置。
- ide\srf05_cc2530 文件夹：里面有三个工程文件，即 light_switch.eww、per_test.eww、spectrum_analyzer.eww。

source 文件夹：包含 source\Apps 文件夹和 source\components 文件夹。

- source\Apps 文件夹：存放 Basic RF 三个实验的源代码。
- source\components 文件夹：包含 Basic RF 应用程序中不同组件的源代码。

图 2-2-2　Basic RF 的工程列表和文件说明

（3）低时延。

ZigBee 的通信时延和从休眠状态激活的时延都非常低，典型的设备搜索时延为 30ms，休眠激活时延为 15ms，远低于其他短距离无线通信技术的组网时延。因此，ZigBee 技术适用于对时延要求高的无线控制领域，如工业控制场合等。

（4）网络容量大。

ZigBee 可采用星形、簇树形和网状网络结构，一个区域内可以同时存在最多 100 个 ZigBee 网络，网络组成十分灵活。网络中由一个主节点管理若干个（最多 254 个）子节点，通过节点级联最多可组成 65000 个节点的大型网络。

（5）可靠性高。

ZigBee 的物理层采用了扩频技术，能够在一定程度上抵抗干扰，介质访问控制层具备应答重传功能，确保了数据收发的可靠性。借助介质访问控制层的 CSMA 机制，节点在发送数据前可先监听信道以避开干扰。当 ZigBee 网络受到外界干扰无法正常工作时，整个网络可以动态地切换到另一个工作信道上。

（6）安全性高。

ZigBee 使用了数据完整性检查与鉴权功能，采用了高级加密标准（Advanced Encryption

Standard，AES）的加密算法，且各应用可以灵活地确定安全属性，从而使网络安全能够得到有效的保障。

2）ZigBee 与其他短距离无线通信技术

在物联网技术的应用领域中，常见的短距离无线通信技术除 ZigBee 外，还有 Wi-Fi 和蓝牙，下面从工作频率、传输速率、典型应用等方面对三种通信技术进行简单的比较，特征对比如表 2-2-1 所示。

表 2-2-1　特征对比

特征	Wi-Fi	蓝牙	ZigBee
工作频率	2.4GHz		
价格	贵	便宜	较便宜
通信距离	100～300m	2～30m	50～300m
传输速率	300Mbps	3Mbps	250kbps
功耗	高	低	低
设备连接能力	中	弱	强
安全性	低	高	高
组网能力	较弱	节点多、稳定性稍逊于 ZigBee	节点多、稳定性高
典型应用	无线局域网	可穿戴设备	家居智能化

3）ZigBee 技术的应用领域

（1）数字家庭领域。

在家庭中，ZigBee 芯片可以被安装在电灯开关、烟火检测器、抄表系统、无线报警系统、安保系统和厨房器械中，所有的 ZigBee 节点可以通过接入家庭中的中控网关实现用户对设备的远程监控。

（2）工业领域。

在工业领域中，传感器和 ZigBee 网络使数据的自动采集、分析和处理变得更加容易，如危险化学成分的检测、火警的早期检测和预报、高速旋转机器的检测和维护等。

（3）农业领域。

传统农业主要使用孤立的、没有通信能力的设备，依靠人力监控农作物的生长状况。在农业领域应用了传感器和 ZigBee 网络后，生产模式可以逐渐转向以信息和软件为中心，使用更多的自动化、网络化、智能化和远程控制的设备来耕种。传感器可以收集包括土壤湿度、氮浓度、pH 值、降水量、温度、空气湿度和气压等信息，这些数据与地理位置信息经由 ZigBee 网络传递至中央控制设备供农民决策和参考，使其可以尽早、准确地发现问题，从而有助于提高农作物产量。

（4）医疗领域。

医疗领域可借助各种传感器和 ZigBee 网络，准确且实时地监测血压、体温和心跳速率等信息，从而减少医生的工作负担。特别是在重病和病危患者的监护和治疗中，智慧医疗系统能够帮助医生做出更快速的响应。

任务实施

1. Basic RF 无线点灯实验

通过 Basic RF 实现无线通信功能，以无线控制 LED 开关。

按照路径"无线点灯\ide\srf05_cc2530\iar\light_switch.eww"打开工程实验，下面介绍 Basic RF 的工作流程。

1）Basic RF 的启动

（1）确保外设没有问题。

（2）创建一个 basicRfCfg_t 的数据结构，并初始化其中的成员。

```
1.   typedef struct {
2.   uint16 myAddr;  //16 位的短地址（就是节点的地址）
3.   uint16 panId;   //节点的 PAN_ID
4.   uint8 channel; //RF 通道（必须在 11～26）
5.   uint8 ackRequest;   //目标确认时设置为 true
6.   #ifdef SECURITY_CCM //是否加密，预定义中取消了加密 uint8* securityKey;
7.   uint8* securityNonce;
8.   #endif
9.   } basicRfCfg_t;
```

（3）调用 basicRfInit 函数进行协议的初始化，具体代码可以在"basic_rf.h"文件中找到，即 uint8 basicRfInit(basicRfCfg_t* pRfConfig)。

函数功能：初始化 Basic RF 的数据结构，设置模块的传输通道、短地址、PAN_ID。Basic RF 启动的代码如图 2-2-3 所示。

2）Basic RF 的发送

（1）创建一个 buffer，把 payload 放入其中。payload 的最大字节数为 103。

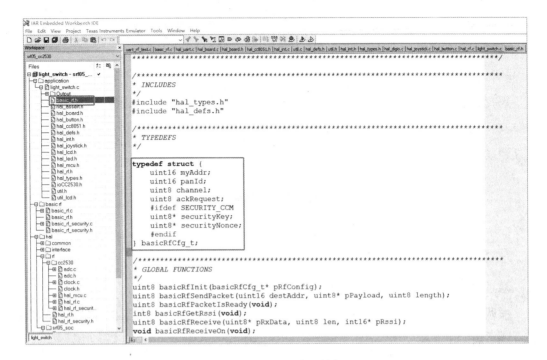

图 2-2-3　Basic RF 启动的代码

（2）调用 basicRfSendPacket 函数发送数据，并查看其返回值，具体代码可以在 "basic_rf.c" 文件中找到，即 uint8 basicRfSendPacket(uint16 destAddr, uint8* pPayload, uint8 length)。其中，destAddr 表示目的地址；pPayload 表示指向发送缓冲区的指针；length 表示发送数据长度。

函数功能：向短地址发送指定长度的数据，若发送成功，则返回 SUCCESS；若发送失败，则返回 FAILED。Basic RF 发送的代码如图 2-2-4 所示。

3）Basic RF 的接收

（1）上层通过 basicRfPacketIsReady 函数来检查是否接收到一个新数据包，具体代码可以在 "basic_rf.c" 文件中找到，即 uint8 basicRfPacketIsReady(void)。

函数功能：检查模块是否已经可以接收下一个数据，若准备就绪，则返回 TRUE。

（2）调用 basicRfReceive 函数，把接收到的数据复制到 buffer 中，具体代码可以在 "basic_rf.c" 文件中找到，即 uint8 basicRfReceive(uint8* pRxData, uint8 len, int16* pRssi)。

函数功能：接收来自 Basic RF 层的数据包，并为接收的数据和 RSSI（接收信号强度指示）值配置缓冲区。Basic RF 接收的代码如图 2-2-5 所示。

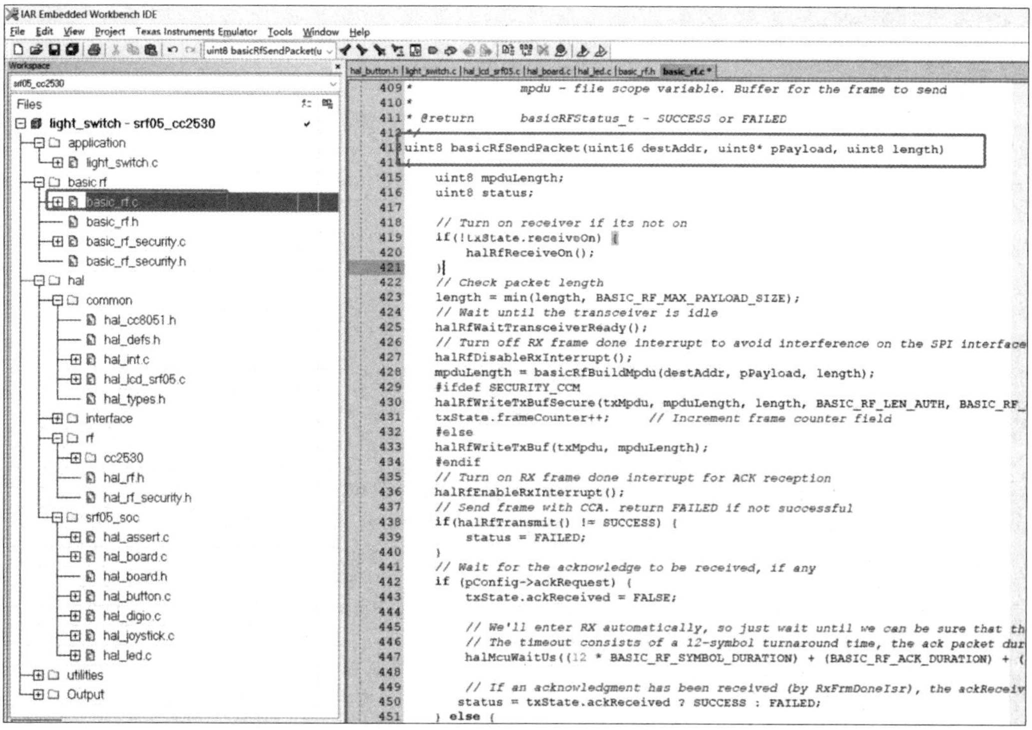

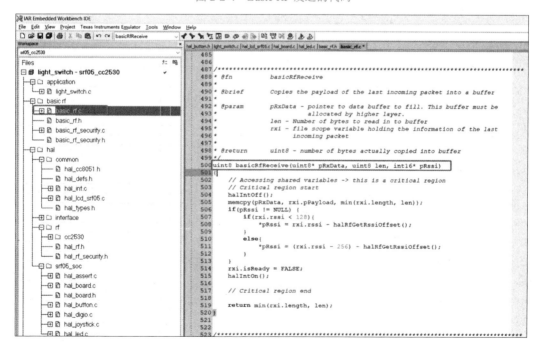

图 2-2-4 Basic RF 发送的代码

图 2-2-5 Basic RF 接收的代码

2. 实验核心代码讲解

main 函数：在本函数中实现了一个功能，在函数的开始通过 appMode 来判定主函数的功能是发送还是接收，确定了发送和接收后对 Basic RF 进行配置，用于设置节点的 PAN_ID、RF 通道，并确认配置信息，接下来对硬件设备和硬件抽象层进行初始化。

```
1.    void main(void)
2.    {
3.        uint8 appMode = SWITCH; //appMode 的取值为 NONE、SWITCH、LIGHT
4.                            //若 appMode 等于 SWITCH，则为发射模块，按键 S1 对应 P0_1
5.                            //若 appMode 等于 LIGHT，则为接收模块，LED1 对应 P1_0
6.        Config basicRF
7.        basicRfConfig.panId = PAN_ID;       //设置 PAN_ID
8.        basicRfConfig.channel = RF_CHANNEL;//设置 RF 通道
9.        basicRfConfig.ackRequest = TRUE;    //确认目标
10. #ifdef SECURITY_CCM                       //表示是否加密，预定义中取消了加密
11.        basicRfConfig.securityKey = key;
12. #endif
13.
14.        //初始化外设
15.        halBoardInit();
16.        halJoystickInit();
17.
18.        //初始化硬件抽象层的 RF
19.        if(halRfInit()==FAILED) {
20.          HAL_ASSERT(FALSE);
21.        }
22.
23.        //表示设备已经通电
24.        halLedSet(1);   //LED1 开发板是低电平点亮的，与 TI 不同，更符合中国人的习惯
25.
26.
27.        //发送时的应用程序
28.        if(appMode == SWITCH) {
29.          //此处无返回
30.            appSwitch();  //发射模块，按键 S1 对应 P0_1
31.        }
32.        //接收时的应用程序
33.        else if(appMode == LIGHT) {
34.          //此处无返回
35.            appLight();   //接收模块，LED1 对应 P1_0
```

```
36.        }
37.        //如果模式未选择，以上代码无效
38.        //HAL_ASSERT(FALSE);
39.
40.  }
```

appSwitch 函数发射模块程序的代码如下。

```
1.    static void appSwitch()
2.    {
3.        //halLcdWriteLine(HAL_LCD_LINE_1, "Switch");
4.        //halLcdWriteLine(HAL_LCD_LINE_2, "Joystick Push");
5.        //halLcdWriteLine(HAL_LCD_LINE_3, "Send Command");
6.    #ifdef ASSY_EXP4618_CC2420
7.        halLcdClearLine(1);
8.        halLcdWriteSymbol(HAL_LCD_SYMBOL_TX, 1);
9.    #endif
10.
11.        pTxData[0] = LIGHT_TOGGLE_CMD;
12.
13.        //初始化 Basic RF
14.        basicRfConfig.myAddr = SWITCH_ADDR;
15.        if(basicRfInit(&basicRfConfig)==FAILED) {
16.          HAL_ASSERT(FALSE);
17.        }
18.
19.        //由于模块只需要发射，所以屏蔽接收以降低功耗
20.        basicRfReceiveOff();
21.
22.        //主循环
23.        while (TRUE) {
24.          //TI Joystick 使用 I/O 端口作为按键 1，所以需要修改 if( halButtonPushed() )
25.          if(halButtonPushed() == HAL_BUTTON_1){
26.
27.              //函数功能：向目的短地址发送指定长度的数据，若发送成功，则返回 SUCCESS；若
发送失败，则返回 FAILED
28.              //LIGHT_ADDR 为目的短地址，pTxData 为指向发送缓冲区的指针，APP_PAYLOAD_
LENGTH 为发送数据长度
29.              basicRfSendPacket(LIGHT_ADDR, pTxData, APP_PAYLOAD_LENGTH);
30.
31.              //休眠模式
32.              halIntOff();
```

```
33.          halMcuSetLowPowerMode(HAL_MCU_LPM_3);
34.          //中断允许
35.          halIntOn();
36.
37.      }
38.    }
39. }
```

appLight 接收模块程序的代码如下。

```
1.   static void appLight()
2.   {
3.       //halLcdWriteLine(HAL_LCD_LINE_1, "Light");
4.       //halLcdWriteLine(HAL_LCD_LINE_2, "Ready");
5.
6.   #ifdef ASSY_EXP4618_CC2420
7.       halLcdClearLine(1);
8.       halLcdWriteSymbol(HAL_LCD_SYMBOL_RX, 1);
9.   #endif
10.
11.      //初始化 Basic RF
12.      basicRfConfig.myAddr = LIGHT_ADDR;
13.      if(basicRfInit(&basicRfConfig)==FAILED) {
14.        HAL_ASSERT(FALSE);
15.      }
16.      basicRfReceiveOn();
17.
18.      //主循环
19.      while (TRUE) {
20.          while(!basicRfPacketIsReady());  //检查模块是否已经可以接收下一个数据，若
准备就绪，则返回 TRUE
21.
22.          //将接收到的数据复制至 buffer 中
23.          if(basicRfReceive(pRxData, APP_PAYLOAD_LENGTH, NULL)>0) {
24.              if(pRxData[0] == LIGHT_TOGGLE_CMD) {//判断接收到的数据是否为 LIGHT_
TOGGLE_CMD
25.                  halLedToggle(1);   //改变 LED1 的状态
26.              }
27.          }
28.      }
29. }
```

任务三：设计 ZigBee 智能家居的应用功能

职业技能目标

- 了解智能家居场景的功能。
- 熟悉协议栈并通过协议栈搭建应用系统。

任务描述与需求

任务描述：通过协议栈完成智能家居系统的设计，并搭建智能家居的功能场景。

任务需求：通过 ZigBee 协议栈完成 ZigBee 无线组网；通过无线通信搭建智能家居场景。

知识梳理

1. ZigBee 的定义

物联网是指通过射频识别（RFID）、红外感应器、全球定位系统、激光扫描器等信息传感设备，按约定的协议，将任何物体与互联网连接，进行信息交换和通信，以实现对物体的智能化识别、定位、跟踪、监控和管理。

无线传感器网络是大规模、无线、自组织、多跳、无分区、无基础设施支持的网络，其中的节点同构且成本较低、体积较小，大部分节点不移动，随意分布在工作区域，要求网络系统有尽可能长的工作时间。在通信方式上，短距离的无线低功率通信技术最适合传感器网络，为明确起见，一般称为无线传感器网络（Wireless Sensor Network，WSN）。

ZigBee 是 IEEE 802.15.4 协议的代名词。根据该协议规定的技术是一种短距离、低功耗的无线通信技术，这一名称源于蜜蜂的 8 字舞，由于蜜蜂（Bee）通过飞翔和"嗡嗡"（Zig）抖动翅膀的"舞蹈"与同伴传递花粉的方位信息，也就是说，蜜蜂依靠这样的方式构成了群体中的通信网络。ZigBee 的特点是近距离、低复杂度、自组织、低功耗、低传输速率、低成本，主要适用于自动控制和远程控制领域，可以嵌入各种设备。

无线传感器网络可以采用 ZigBee、蓝牙、Wi-Fi 和红外线等技术。ZigBee 是双向无线通信技术，是一组基于 IEEE 802.15.4 无线标准研制和开发的通信技术。

协议栈是网络中各层协议的总和，形象地反映了网络中文件传输的过程：先由上层协议传输至底层协议，再由底层协议传输至上层协议。使用最广泛的是互联网协议栈，由上至下的协议分别是应用层协议（HTTP、Telnet、DNS 等协议），传输层协议（TCP、UDP协议），网络层协议（IP 协议），链路层协议（Wi-Fi、以太网、令牌环、FDDI 等协议），物理层协议。

ZigBee 联盟于 2005 年公布了第一份 ZigBee 规范（ZigBee Specification V1.0）。ZigBee规范使用了 IEEE 802.15.4 定义的物理层和介质访问控制层，并在此基础上定义了网络层和应用层架构。

ZigBee2007/PRO 无线传感器网络与 ZigBee2006 无线传感器网络的最大区别在于前者支持 ZigBee2007/PRO 网络，提供了更多、更精确的传感器（如增加高精度的数字温湿度传感器等），以及更多可扩展接口和更高级别安全性的支持，微控制器的速度更快、处理能力更强、功耗更低。

2. ZigBee 协议栈

ZigBee 协议栈和 ZigBee 协议有什么关系呢？协议是一系列的通信标准，通信双方需要共同按照这一标准进行正常的数据发送和接收。协议栈是协议的具体实现形式，通常来讲，协议栈是协议和用户之间的一个接口，开发人员通过协议栈来使用这个协议，进而实现无线数据的收发。图 2-3-1 所示为协议栈架构，ZigBee 协议分为两部分，IEEE 802.15.4 定义了物理层和介质访问控制层的技术规范；ZigBee 联盟定义了网络层、应用程序支持子层（APS）、应用层的技术规范。ZigBee 协议栈将各层定义的协议集合以函数的形式实现，并向用户提供应用层。

协议栈是协议的实现，可以理解为代码或函数库，供上层调用，协议的底层与应用是相互独立的。商业化的协议栈就是拟写好了符合协议标准的底层代码，并向用户提供功能模块，用户只需要关心应用逻辑、数据的传输路径、数据的存储和处理方式，以及系统中设备之间的通信顺序。当需要数据通信时，可以调用组网函数搭建网络；当从一个设备向另一个设备发送数据时，可以调用无线数据发送函数，这时，接收端调用无线数据接收函数；当设备空闲时，可以调用睡眠函数；当需要启动设备时，可以调用唤醒函数。

用户使用 ZigBee 协议栈实现无线数据通信的一般步骤如下。

（1）组网：调用协议栈的组网函数、添加网络函数，实现网络的建立与节点的加入。

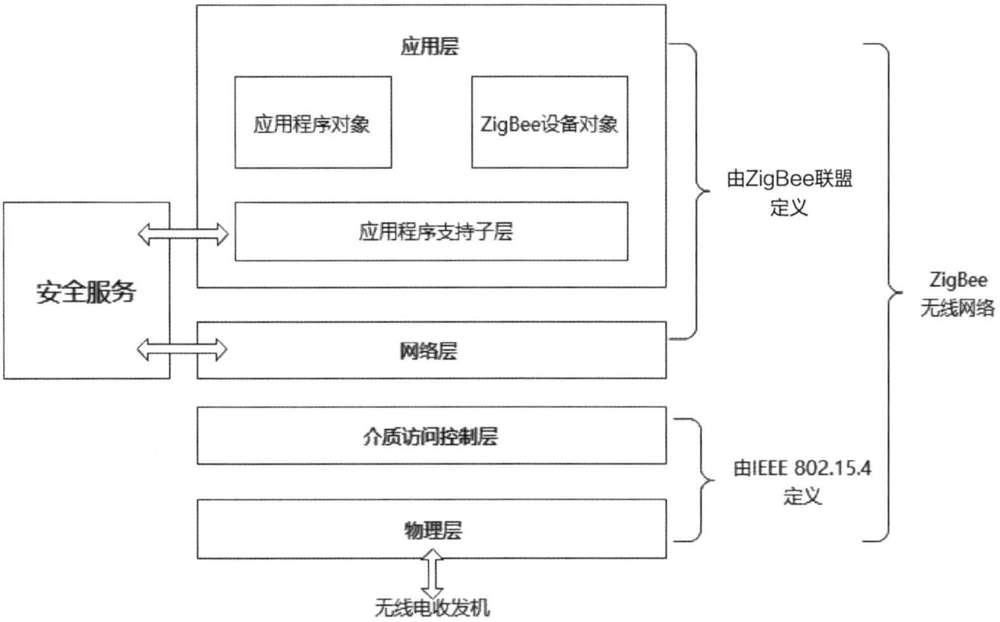

图 2-3-1　协议栈架构

（2）发送：发送节点调用协议栈的无线数据发送函数，实现无线数据的发送。

（3）接收：接收节点调用协议栈的无线数据接收函数，实现无线数据的接收。

3．ZigBee 协议的体系结构

ZigBee 协议栈建立在 IEEE 802.15.4 的物理层和介质访问控制层的规范之上，实现了网络层和应用层。在应用层内提供了应用程序支持子层（APS）和 ZigBee 设备对象（ZDO）。

应用程序框架中则加入了用户自定义的应用程序对象 ZigBee 的体系结构，由层的各模块组成。每层为其上层提供特定的服务，即由数据服务实体提供数据传输服务，管理实体提供其他所有的管理服务。每个服务实体通过相应的服务接入点（SAP）为其上层提供一个接口，每个服务接入点通过服务原语来完成对应的功能。ZigBee 协议的体系结构如图 2-3-2 所示。

1）物理层

物理层定义了物理无线信道和介质访问控制层之间的接口，提供物理层数据服务和物理层管理服务。

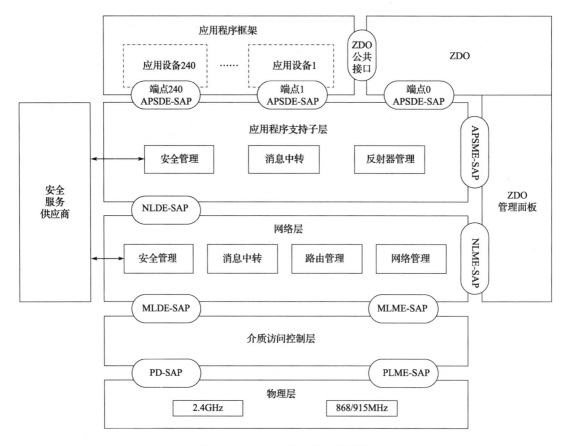

图 2-3-2   ZigBee 协议的体系结构

物理层的功能如下。

（1）ZigBee 的激活。

（2）当前信道的能量检测。

（3）链路服务质量信息的接收。

（4）ZigBee 信道接入方式的选择。

（5）信道频率的选择。

（6）数据的传输和接收。

2）介质访问控制层

介质访问控制层负责处理所有的物理无线信道访问，并产生网络信号、同步信号。

介质访问控制层的功能如下。

（1）网络协调器产生网络信标。

（2）与信标同步。

（3）支持个人局域网链路的建立和断开。

（4）为设备的安全性提供支持。

（5）信道接入方式采用 CSMA-CA 机制。

（6）处理和维护保护时隙机制。

（7）在两个对等的介质访问控制层实体之间提供可靠的通信链路。

3）网络层

ZigBee 协议栈的核心部分在网络层。

网络层的功能如下。

（1）网络发现。

（2）网络形成。

（3）允许设备连接。

（4）路由器初始化。

（5）设备与网络连接。

（6）直接将设备与网络连接。

（7）断开网络连接。

（8）复位设备。

（9）与接收机同步。

（10）信息库维护。

4）应用层

ZigBee 应用层包括应用程序支持子层、ZigBee 设备对象和制造商定义的应用程序对象。应用程序支持子层的功能包括维持绑定表、在绑定的设备之间传送消息。ZigBee 设备对象的功能包括定义设备在网络中的角色（如 ZigBee 协调器和终端设备），发起和响应绑定请求，在网络设备之间建立安全机制。ZigBee 设备对象还负责发现网络中的设备，并且决定提供何种应用服务。为了实现这些功能，ZigBee 设备对象使用应用程序支持子层的 APSDE-SAP 和网络层的 NLME-SAP。ZigBee 设备对象是特殊的应用程序对象，在端点（Endpoint）0 上实现。远程设备通过 ZigBee 设备对象请求描述符信息，接收到这些请求时，会调用配置对象获取相应的描述符值。

ZigBee 应用层除提供一些必要的函数及为网络层提供合适的服务接口外，还有一个重要的功能是定义应用程序对象。运行在 ZigBee 协议栈上的应用程序实际上就是厂商自定义的应用程序对象，并且遵循规范运行在端点 1～240 上。在 ZigBee 应用中，提供 2 种标准服务类型：键值对和报文设备对象。

任务实施

1. ZigBee 协议栈驱动环境的数据采集

1）ZigBee 协议栈的安装、编译与下载

双击"ZStack-CC2530-2.5.1a.exe"文件进行安装，可以选择默认路径，也可以自定义安装路径，其实所谓的安装协议栈只是把一些文件解压到安装的目录下。协议栈目录如图 2-3-3 所示。

计算机 ▸ 本地磁盘 (C:) ▸ Texas Instruments ▸ ZStack-CC2530-2.5.1a		
名称	修改日期	类型
Components	2015/5/22 10:20	文件夹
Documents	2015/5/22 10:20	文件夹
Projects	2015/5/22 10:20	文件夹
Tools	2015/5/22 10:20	文件夹
Getting Started Guide - CC2530.pdf	2011/6/25 17:28	Adobe Ac
README CC2530.txt	2012/4/25 21:19	文本文档

图 2-3-3　协议栈目录

"Components"文件夹用于存储库，文件夹中有 ZDO、Driver、HAL、ZCL 等库的代码；"Documents"文件夹用于存储 TI 的开发文档，包含很多讲述协议栈的 API；"Projects"文件夹用于存储 TI 协议栈的例子程序，例子程序采用工程的形式，掌握这些程序里面的个别例子即可开展实战；"Tools"文件夹用于存储 TI 例子程序的一些上位机之类的程序，作为工具使用。

从软件开发专业角度建议大家复制工程至非中文目录，因为有些开发环境不支持中文路径。若文件目录太长，则打开工程时 IAR 会关闭，只需将工程上移几层即可，建议使用英文路径。工程文件平台界面如图 2-3-4 所示。

2）ZigBee 协议栈驱动的温湿度传感器

我们在基础实验中已经完成了温湿度传感器的驱动，现在需要将温湿度传感器移植到协议栈 ZStack 上。下面将在 ZStack 点播实验中实现无线温湿度的采集，使用点播终端设备针对性地向指定设备发送数据，而广播和组播可能会造成数据的冗余。实现 ZigBee 协议栈

的应用与组网时，首先打开 ZigBee 协议栈，将基础实验中使用的"DHT11.c"和"DHT11.h"文件复制至"SampleApp"下的"Source"文件夹中，如图 2-3-5 所示。

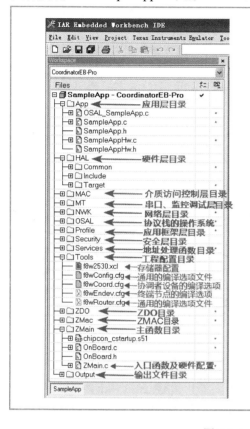

App：应用层目录，是用户创建各种不同工程的区域。这个目录中包含应用层的内容和项目的主要内容。

HAL：硬件层目录，包含与硬件相关的配置、驱动及操作函数。

MAC：介质访问控制层目录，包含介质访问控制层参数配置文件及介质访问控制层 LIB 库的函数接口文件。

MT：串口、监控调试层目录，通过串口可以控制各层，并与各层进行直接交互。

NWK：网络层目录，包含网络层参数配置文件、网络层库的函数接口文件及应用程序支持子层库的函数接口文件。

OSAL：协议栈的操作系统。

Profile：应用框架层目录，包含应用框架层处理函数文件。应用框架层是应用程序和应用程序支持子层的无线数据接口。

Security：安全层目录，包含安全层处理函数，如加密函数等。

Services：地址处理函数目录，包含地址模式的定义及地址处理函数。

Tools：工程配置目录，包含空间划分及 ZStack 相关配置信息。

ZDO：ZigBee 设备对象目录。

ZMac：ZMAC 目录，包含介质访问控制层参数配置及介质访问控制层 LIB 库函数回调处理函数。

ZMain：主函数目录，包含入口函数及硬件配置文件。

Output：输出文件目录，由 IAR IDE 自动生成。

图 2-3-4 工程文件平台界面

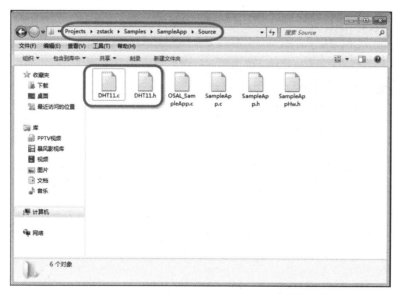

图 2-3-5 文件位置

在协议栈目录中添加"DHT11.c"和"DHT11.h"文件，并在"SampleApp.c"文件中添加"DHT11.h"文件，如图 2-3-6 所示。

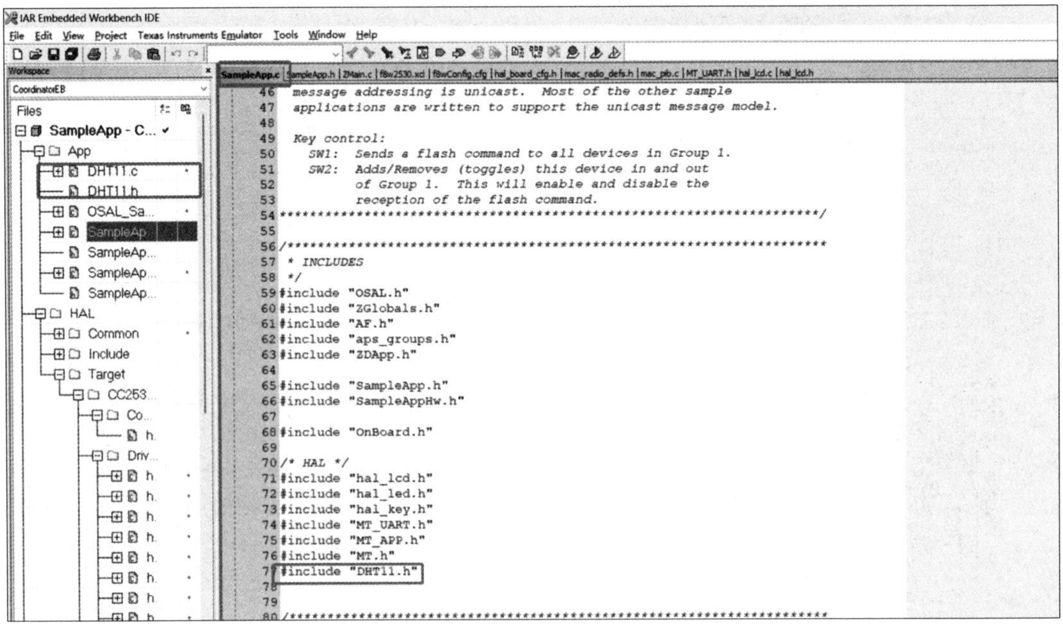

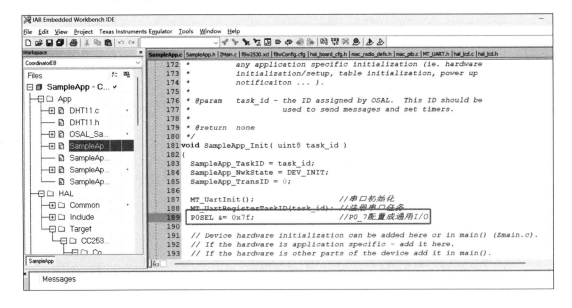

图 2-3-6　添加"DHT11.h"文件

在函数 SampleApp_Init 中实现温湿度传感器的 I/O 端口初始化，如图 2-3-7 所示。

图 2-3-7　I/O 端口初始化

接下来读取温湿度传感器上的数据。

```
1.   void SampleApp_Send_P2P_Message( void )
2.   {
3.     char temp[3], humidity[3], strTemp[7];
4.
5.     DHT11();                    //获取温湿度数据
6.
7.     //将温湿度数据转换为字符串，供 LCD（液晶显示器）显示
8.     temp[0] = wendu_shi+0x30;
9.     temp[1] = wendu_ge+0x30;
10.    temp[2] = '\0';
11.    humidity[0] = shidu_shi+0x30;
12.    humidity[1] = shidu_ge+0x30;
13.    humidity[2] = '\0';
14.    //将数据整合后供协调器显示
15.    osal_memcpy(strTemp, temp, 2);
16.    osal_memcpy(&strTemp[2], " ", 1);
17.    osal_memcpy(&strTemp[3], humidity, 3);
18.
19.    //获得的温湿度数据通过串口输出至计算机上显示
20.    HalUARTWrite(0, "T&H:", 4);
21.    HalUARTWrite(0, (uint8 *)strTemp, 5);
22.    HalUARTWrite(0, "\n",1);
23.
24.    //输出至 LCD 上显示
25.    Color    = BLACK;
26.    Color_BK = WHITE; //背景色
27.    LCD_write_CN_string(7, 80, "温度：");
28.    LCD_write_CN_string(7, 95, "湿度：");
29.
30.    Color    = RED;
31.    HalLcdWriteEnString( 49, 80, temp );
32.    HalLcdWriteEnString( 49, 95, humidity );
33.
34.    Color    = BLACK;
35.    LCD_write_CN_string(63, 80, "℃");
36.    LCD_write_CN_string(63, 95, "%");
37.
38.
39.    if ( AF_DataRequest( &SampleApp_P2P_DstAddr, &SampleApp_epDesc,
40.                    SAMPLEAPP_P2P_CLUSTERID,
41.                    5,
42.                    (uint8 *)strTemp,
```

```
43.                    &SampleApp_TransID,
44.                    AF_DISCV_ROUTE,
45.                    AF_DEFAULT_RADIUS ) == afStatus_SUCCESS )
46.  {
47.  }
48.  else
49.  {
50.
51.  }
52. }
```

2. ZigBee 实现家居灯光控制系统

家居灯光控制系统首先需要检测家中是否有人和家中的光照情况，根据检测结果判断是开灯还是关灯，然后控制灯的开关，仅在家中有人且光照度较低的情况下开灯。整个系统由光照度检测子系统、人员检测子系统、数据处理节点和灯开关控制子系统组成。

（1）光照度检测子系统利用光照度传感器周期性地采集家中的光照度，并将采集结果发送给数据处理节点。

（2）人员检测子系统利用人体红外传感器（又称为热释电传感器）周期性地检测家中是否有人，并将判断结果发送给数据处理节点。

（3）数据处理节点由协调器负责完成。数据处理节点接收来自光照度传感器和人体红外传感器的数据，判断是否开关灯，并将判断结果发送给灯开关控制子系统。

（4）灯开关控制子系统由执行器节点来模拟，选取执行器节点的一路继电器来模拟灯的开关。

家居灯光控制系统框架如图 2-3-8 所示。

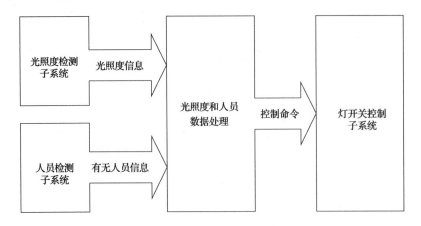

图 2-3-8　家居灯光控制系统框架

家居灯光控制系统采用 ZigBee 机制，ZigBee 网络的工作方式是首先由协调器节点建立通信网络，然后将其他通信节点加入该通信网络。所有的节点都可以发送数据到协调器节点，也可以接收协调器节点发送的信息，即可以相互通信。

光照度检测节点用于检测光照度，人员检测节点用于检测家中是否有人，协调器节点负责信息处理和控制命令分析及发送，执行器节点用于灯开关控制。

1）光照度检测子系统

光照度检测子系统作为家居光照度信息监测的信息采集发送部分，由光照度检测节点完成其功能。通过光照度传感器获得光照度数据，并发送至数据处理节点。

光照度检测节点带有光照度传感器，以 ADC（模数转换器）的方式得到 2 字节的光照度数据，并将处理结果发送至数据处理节点，由该节点判断光照度是否满足照明条件。

2）人员检测子系统

在人员检测子系统中，由人体红外传感器负责周期性检测家中是否有人，并将检测结果发送至数据处理节点。

人体红外传感器工作时，若附近有人，则从输出端输出高电平；若附近无人，则输出低电平。通过判断人体红外传感器输出的电平高低得到检测结果，当检测到有人时，读取的返回值为"1"；当检测到没人时，读取的返回值为"0"。根据读取的结果，向数据处理节点发送检测结果。人员检测子系统的工作原理如图 2-3-9 所示。

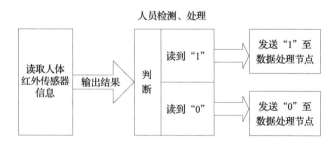

图 2-3-9　人员检测子系统的工作原理

3）数据处理节点

数据处理节点接收光照度检测节点和人员检测节点的数据，先通过综合判断光照度信息和人员检测信息得到开灯或者关灯的控制命令，再将控制命令发送至灯开关控制节点。

数据处理节点由 ZigBee 网络中的协调器节点完成，光照度检测节点、人员检测节点和灯开关控制节点都会向数据处理节点发送数据。协调器节点首先寻找当前网络中哪一个是光照度检测节点、哪一个是人员检测节点、哪一个是灯开关控制节点，然后记录相应的地址，以便在将来接收数据时，根据地址判断数据来源。接下来，协调器节点的接收处理函数不断接收来自其他节点的数据，并记录每种传感器的当前状态，综合所有传感器的状态得到灯开关的控制结果，进而将控制命令发送给灯开关控制节点。数据处理节点的工作原理如图 2-3-10 所示。

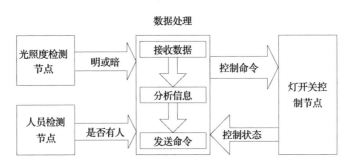

图 2-3-10　数据处理节点的工作原理

4）灯开关控制子系统

灯开关控制子系统负责接收并执行数据处理节点发送的控制命令，完成对灯开关的控制。

灯开关控制子系统上有 4 个可控的继电器，可以通过向灯开关控制节点发送 1 字节的控制命令来控制这些继电器，这 1 字节中的每一位分别对应一个继电器。

本实验选取其中的一个继电器来模拟灯开关控制。

灯开关控制子系统的工作原理如图 2-3-11 所示。

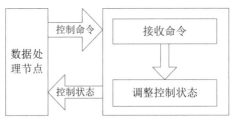

图 2-3-11　灯开关控制子系统的工作原理

协调器节点代码如下，用于实现对人体红外线、光照度和灯的信息接收功能。

```
1.  /*****************************/
2.  /* 协调器节点代码            */
3.  /*****************************/
```

```
4.  #if defined(ZDO_COORDINATOR)
5.  uint8 descPkg[] = {
6.      0x03, DevIRPers, 0
7.  };
8.
9.  static uint16 nodeNwkAddr[Devmax];
10. static uint8 nodeEndPoint[Devmax];
11.
12. static uint8 irPersStatus = 0;
13. static uint8 illumStatus = 0;
14. static uint8 controlStatus = 0;
15. void roomPwrManSys_StaChgRt(struct ep_info_t *ep);
16. void roomPwrManSys_StaChgRt(struct ep_info_t *ep)
17. {
18.     //寻找人员检测节点
19.     descPkg[1] = DevIRPers;
20.     SendData(ep->ep, descPkg, 0xFFFF, CONTROL_ENDPOINT, sizeof(descPkg));
21. }
22. void roomPwrManSys_IncmRt(struct ep_info_t *ep, uint16 addr, uint8 endPoint,
afMSGCommandFormat_t *msg);
23. void roomPwrManSys_IncmRt(struct ep_info_t *ep, uint16 addr, uint8 endPoint,
afMSGCommandFormat_t *msg)
24. {
25.     //msg->Data[], msg->DataLength, msg->TransSeqNumber
26.     if((endPoint == CONTROL_ENDPOINT) && (msg->Data[0] == 0x03))
27.     {
28.         //endPoint: msg->Data[1], rCycle: msg->Data[2]
29.         //保存上一次寻找的节点地址和节点号
30.         nodeNwkAddr[descPkg[1]] = addr;
31.         nodeEndPoint[descPkg[1]] = msg->Data[1];
32.         //准备寻找下一个节点
33.         descPkg[1] = descPkg[1] + 1;
34.         //所有节点是否都已经寻找完毕
35.         if(descPkg[1] < Devmax)
36.             SendData(ep->ep, descPkg, 0xFFFF, CONTROL_ENDPOINT,
sizeof(descPkg));
37.     }
38.     else
39.     {
40.         if(addr == nodeNwkAddr[DevIllum])
41.         {
42.             //接收光照度传感器数据
```

```
43.        uint16 i = 0;
44.        memcpy(&i, msg->Data, 2);
45.        illumStatus = i < 1000;
46.        HalUARTWrite(HAL_UART_PORT_0, msg->Data, 2);
47.      }
48.    else if(addr == nodeNwkAddr[DevIRPers])
49.      {
50.        //接收人体红外传感器数据
51.        irPersStatus = !!(msg->Data[0]);
52.      }
53.    if(nodeNwkAddr[DevExecuter] != 0xFFFF)
54.      {
55.        //如果存在执行器节点，那么执行以下代码
56.        uint8 ctrl = 0;
57.        if(irPersStatus && illumStatus)
58.          ctrl = 1;
59.        //若灯的当前状态与需要设置的状态不一样，则发送数据
60.        if(controlStatus != ctrl)
61.          SendData(ep->ep, &ctrl, nodeNwkAddr[DevExecuter],
nodeEndPoint[DevExecuter], 1);
62.        controlStatus = ctrl;
63.      }
64.  }
65. }
66. void roomPwrManSys_ToRt(struct ep_info_t *ep);
67. void roomPwrManSys_ToRt(struct ep_info_t *ep)
68. {
69.    //超时函数，用于检查是否完成节点搜索。若没有完成，则继续搜索
70.    if(descPkg[1] < Devmax)
71.      {
72.        SendData(ep->ep, descPkg, 0xFFFF, CONTROL_ENDPOINT,
sizeof(descPkg));
73.      }
74. }
75. void roomPwrManSys_ResAvbRt(struct ep_info_t *ep, RES_TYPE type, void *res);
76. void roomPwrManSys_ResAvbRt(struct ep_info_t *ep, RES_TYPE type, void *res)
77. {
78.    switch(type)
79.      {
80.    case ResInit:
81.        memset(nodeNwkAddr, 0xFF, sizeof(nodeNwkAddr));
82.        memset(nodeEndPoint, 0xFF, sizeof(nodeEndPoint));
```

```
83.        break;
84.    case ResUserTimer:
85.        break;
86.    case ResControlPkg:
87.        break;
88.    }
89. }
```

执行如下人员检测节点代码，包含了人体红外传感器、光照度传感器和继电器的驱动程序，驱动传感器，并采集信息。

```
1.  /*******************************/
2.  /* 人员检测节点代码              */
3.  /*******************************/
4.  #if defined(IRPERS_NODE)
5.  #define SAFTY_IO_GROUP     1
6.  #define SAFTY_IO_BIT       0
7.  void sensorIRPersResAvailable(struct ep_info_t *ep, RES_TYPE type, void
*res);
8.  void sensorIRPersResAvailable(struct ep_info_t *ep, RES_TYPE type, void
*res)
9.  {
10.     if(type == ResInit)
11.     {
12.         HalIOSetInput(SAFTY_IO_GROUP, SAFTY_IO_BIT, Pull_Down);
13.         HalIOIntSet(ep->ep, SAFTY_IO_GROUP, SAFTY_IO_BIT, IOInt_Rising, 0);
14.     }
15.     //I/O端口的中断触发、中断源检测
16.     if(type == ResIOInt)
17.     {
18.         uint8 IRPersValue = 1;
19.         SendData(ep->ep, &IRPersValue, 0x0000, TRANSFER_ENDPOINT,
sizeof(IRPersValue));
20.     }
21. }
22. #endif
23. /*******************************/
24. /* 光照度检测节点代码            */
25. /*******************************/
26. #if defined(ILLUM_NODE)
27. void sensorILLumTimeout(struct ep_info_t *ep);
28. void sensorILLumTimeout(struct ep_info_t *ep)
29. {
```

```
30.      uint16 LightValue = 256 - (HalAdcRead(0, HAL_ADC_RESOLUTION_14) >> 3);
31.      //将 AD 值变换为光照度的 100 倍
32.      LightValue = LightValue * 39;//* 10000 / 256;
33.      SendData(ep->ep, &LightValue, 0x0000, TRANSFER_ENDPOINT,
sizeof(LightValue));
34. }
35. #endif
36. /******************************/
37. /* 执行器节点代码                */
38. /******************************/
39. #if defined(EXECUTER_NODE)
40. #define ControlInit()    do
{ HalIOSetOutput(1,4);HalIOSetOutput(1,5);HalIOSetOutput(1,6);HalIOSetOutput
(1,7);Control(0); } while(0)
41. #define Control(mask)    do
{ HalIOSetLevel(1,4,mask&0x01);HalIOSetLevel(1,5,mask&0x02);HalIOSetLevel(1,
6,mask&0x04);HalIOSetLevel(1,7,mask&0x08); } while(0)
42. void OutputExecuteBResAvailable(struct ep_info_t *ep, RES_TYPE type, void
*res);
43. void OutputExecuteBResAvailable(struct ep_info_t *ep, RES_TYPE type, void
*res)
44. {
45.      if(type == ResInit)
46.          ControlInit();
47. }
48. void outputExecuteB(struct ep_info_t *ep, uint16 addr, uint8 endPoint,
afMSGCommandFormat_t *msg);
49. void outputExecuteB(struct ep_info_t *ep, uint16 addr, uint8 endPoint,
afMSGCommandFormat_t *msg)
50. {
51.      //msg->Data[], msg->DataLength, msg->TransSeqNumber
52.      Control(msg->Data[0]);
53.      SendData(ep->ep, &msg->Data[0], 0x0000, TRANSFER_ENDPOINT, 1);
54. }
55. void outputExecuteBTimeout(struct ep_info_t *ep);
56. void outputExecuteBTimeout(struct ep_info_t *ep)
57. {
58.      uint8 value = P1 >> 4;
59.      SendData(ep->ep, &value, 0x0000, TRANSFER_ENDPOINT, sizeof(value));
60. }
61. #endif
62. #endif
63.
```

```
64. struct ep_info_t funcList[] = {
65. #if defined(ZDO_COORDINATOR)
66.     {
67.         roomPwrManSys_StaChgRt,
68.         roomPwrManSys_IncmRt,
69.         roomPwrManSys_ToRt,
70.         roomPwrManSys_ResAvbRt,
71.         { DevPwrmanSys, 0, 3 },
72.     },
73. #else
74. #if defined(IRPERS_NODE)
75.     {
76.         NULL, NULL, sensorIRPersTimeout, sensorIRPersResAvailable,
77.         { DevIRPers, 0, 2 },
78.     },
79. #elif defined(ILLUM_NODE)
80.     {
81.         NULL, NULL, sensorILLumTimeout, NULL,
82.         { DevIllum, 0, 5 },
83.     },
84. #elif defined(EXECUTER_NODE)
85.     {
86.         NULL, outputExecuteB, outputExecuteBTimeout,
OutputExecuteBResAvailable,
87.         { DevExecuter, 0, 7 },
88.     },
89. #else
90. #错误提示、指定设备
91. #endif
92. #endif
93. };
```

实验步骤如下。

（1）打开协议栈工程文件，文件目录为 ZStack-CC2530\Projects\SappWsn\SappWsn.eww，本实验需要在 SappWsn 工程的基础上添加代码。

（2）编写"roomPwrManSys.c"和"roomPwrManSys.h"文件并复制到工程目录 ZStack-CC2530\Projects\SappWsn\Source 下。

（3）在工程目录结构树中的"App"文件夹中找到"SAPP_Device.c"和"SAPP_Device.h"文件，按"Ctrl"键，依次单击这两个文件，并右击，在弹出的快捷菜单中选择"Remove"命令，移除工程中原有的 SAPP_Device 文件，如图 2-3-12 所示。

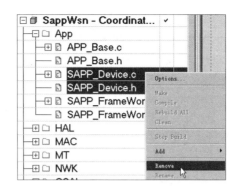

图 2-3-12　移除工程中原有的 SAPP_Device 文件

（4）右击"App"文件夹，在弹出的快捷菜单中选择"Add"→"Add Files"命令，添加实验代码，如图 2-3-13 所示。

（5）选择之前复制的"roomPwrManSys.c"和"roomPwrManSys.h"文件，添加 roomPwrManSys 文件，如图 2-3-14 所示。

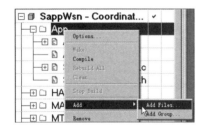

图 2-3-13　添加实验代码

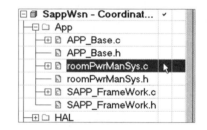

图 2-3-14　添加 roomPwrManSys 文件

（6）在"Tools"文件夹中找到"f8wConfig.cfg"文件，双击打开，并找到"-DZDAPP_CONFIG_PAN_ID=0xFFFF"，如图 2-3-15 所示，将其中的"0xFFFF"修改为其他值，如"0x0010"。需要注意的是，每个工程应当修改为不一样的 PAN_ID。

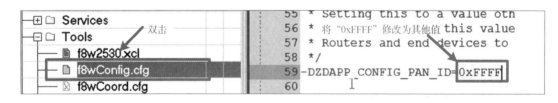

图 2-3-15　修改 ZigBee 网络 ID

（7）在工程目录结构树上方的下拉列表中选择"CoordinatorEB"选项，如图 2-3-16 所示。

（8）单击工具栏中的"Make"按钮编译工程，如图 2-3-17 所示。

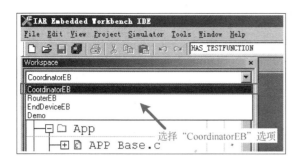

图 2-3-16 选择 "CoordinatorEB" 选项

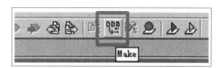

图 2-3-17 编译工程

（9）等待工程编译完成，图 2-3-18 所示的地址映射警告可以忽略（下同）。

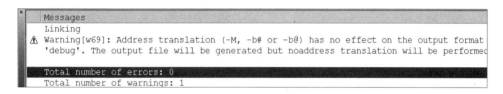

图 2-3-18 地址映射警告

（10）右击在工程目录结构树中的工程名称，在弹出的快捷菜单中选择 "Options" 命令，在弹出的对话框的 "Category" 列表框中，选择 "Debugger" 选项，并在右侧的 "Driver" 下拉列表中选择 "Texas Instruments" 选项，如图 2-3-19 所示。

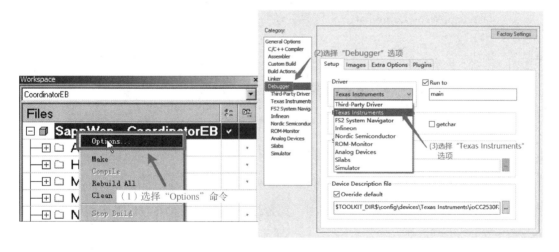

图 2-3-19 选择调试驱动

（11）单击 "Download and Debug" 按钮下载程序并进入调试状态，如图 2-3-20 所示。

（12）程序下载完毕后，单击 "Go" 按钮运行程序，如图 2-3-21 所示。

图 2-3-20 下载程序并进入调试状态   图 2-3-21 运行程序

（13）单击工具栏中的"Stop Debugging"按钮退出调试模式，如图 2-3-22 所示。

（14）以上操作完成了协调器程序的下载，在工程目录结构树上方的下拉列表中选择"EndDeviceEB"选项，如图 2-3-23 所示。

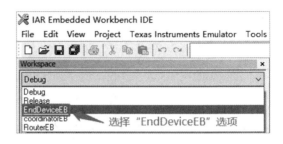

图 2-3-22 退出调试模式   图 2-3-23 选择"EndDeviceEB"选项

（15）"roomPwrManSys.h"文件中定义了三个函数，分别代表三种传感器，在终端节点的下载过程中只能保证一个定义的注释被取消，并保证其他的定义均被注释，取消注释如图 2-3-24 所示。

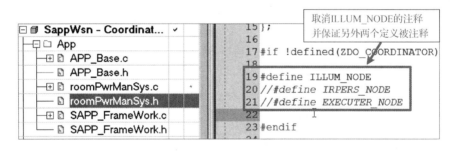

图 2-3-24 取消注释

（16）接下来的操作与协调器程序的下载过程类似，下载另外三个节点的程序，稍等片刻，通过光照度传感器数据和人体红外传感器数据的变化查看继电器工作的状态。

通过项目二，我们已经完成了 ZigBee 的无线组网，实现了底层的传感器、控制器、报警器等相关设备的无线组网，搭建了本地局域网络，实现了智能家居项目中的底层数据汇聚和传输。本项目将实现底层数据的远程传输和云端传输功能，以及数据的应用层开发和应用。

任务一：Wi-Fi 控制通信

职业技能目标

- 了解 Wi-Fi 无线通信，熟悉 Wi-Fi 模块的 AT 指令手册。
- 能够根据需求配置 AT 指令，实现 Wi-Fi 的配置。

任务描述与需求

了解 Wi-Fi 模块及其通信时的 AT 指令，能够通过 AT 指令实现 Wi-Fi 模块通信。

知识梳理

1. 常见的 Wi-Fi 标准

1）IEEE 802.11-1997

IEEE 802.11-1997 是最早的 IEEE 802.11 标准，工作频段为 2.4GHz～2.4835GHz，其设计的初衷是解决住宅与企业中难以布线区域的网络接入问题，最高传输速率为 1Mbit/s 或 2Mbit/s，传输速率取决于调制方式。

2）IEEE 802.11b

IEEE 802.11b 是 IEEE 802.11-1997 的演进，工作频段也是 2.4GHz，它的物理层接入速率可达 5.6Mbit/s 和 11Mbit/s。由于 2.4GHz 的 ISM（Industrial Scientific Medical，工业科学医疗）频段在全世界通用，该标准于 2000 年年初投放市场后很快得到广泛应用，"Wi-Fi" 这个名字也是在这个阶段被创造出来的。

3）IEEE 802.11a

IEEE 802.11a 于 1999 年 9 月获批发布，引入了正交频分复用技术，定义了 5GHz 频段的高速物理层规范。由于高频段信号衰减较快，在同等发射功率下，IEEE 802.11a 的有效覆盖范围比 IEEE 802.11b 更小。IEEE 802.11a 于 2001 年才上市，晚于 IEEE 802.11b。同时，由于其产品中的 5GHz 组件研制较慢，因此在当时 IEEE 802.11a 没有得到广泛应用。

4）IEEE 802.11g

IEEE 802.11g 于 2003 年发布，可实现 6Mbit/s、9Mbit/s、12Mbit/s、18Mbit/s、24Mbit/s、36Mbit/s、48Mbit/s 和 54Mbit/s 的传输速率。IEEE 802.11g 仍然工作在 2.4GHz 的频段上，又保留了 CCK（补码键控）技术，因此可与 IEEE 802.11b 产品兼容。

5）IEEE 802.11n

IEEE 802.11n 于 2009 年 9 月获批发布，IEEE 802.11n 结合了多种技术，包括空间多路复用多入多出（Spatial Multiplexing MIMO）、20MHz 和 40MHz 的信道，以及 2.4GHz 和 5GHz 的双频带，该标准的物理层的传输速率相较于 IEEE 802.11g 又有显著提高，传输速率最高可达 600Mbit/s。

6）IEEE 802.11ac

IEEE 802.11ac 是 IEEE 802.11a 的延续，其工作频段为 5GHz。得益于数据传输通道带宽的增加（从 20MHz 增至 40MHz 或者 80MHz），最高传输速率可达 7Gbit/s。2018 年 10 月，Wi-Fi 联盟为了便于用户和设备厂商轻松了解其设备连接或支持的 Wi-Fi 型号，选择使用数字序号对 Wi-Fi 重新命名，将 IEEE 802.11ac 更名为 Wi-Fi 5。

7）IEEE 802.11ax

IEEE 802.11ax 又称为高效率无线标准，正式命名为 Wi-Fi 6，代表第六代 Wi-Fi 技术。Wi-Fi 6 相对 Wi-Fi 5 而言，在网络带宽、并发用户数等方面有大幅度提升，其理论传输速率最高可达 9.6Gbit/s。

2. WLAN、IEEE 802.11 与 Wi-Fi

1）WLAN

WLAN（无线局域网）是设备利用射频技术在免授权频段中进行无线连接，在局部范围内建立的网络。WLAN 具有安装简单、部署成本较低和扩展性能好等优点。由于 WLAN 提供了与有线局域网相同的功能，用户可以摆脱线缆的制约，随时随地接入网络，WLAN 已在各行各业得到了十分广泛的应用。

2）IEEE 802.11

IEEE 802.11 是 IEEE 802.11 标准工作组制定的一系列与 WLAN 组建相关的标准。IEEE 802.11 标准工作组于 1990 年成立，经过了多年发展，如今已逐渐形成了一个家族，其中包括正式标准及其修正案。

3）Wi-Fi

Wi-Fi（Wireless Fidelity，无线保真）技术是世界上最热门的 WLAN 标准，早期专门指代 IEEE 802.11b。

IEEE 802.11b 早在 2000 年年初投入市场应用，当时的无线以太网兼容性联盟（Wireless Ethernet Compatibility Alliance，WECA）改名为 Wi-Fi 联盟，为了给 IEEE 802.11b 取一个更容易记住的名称，便雇用著名的商标公司创造了"Wi-Fi"这一名称。最早 Wi-Fi 仅是一个商标名称，但随着后续 IEEE 802.11g、IEEE 802.11n、IEEE 802.11ac 等标准的上市，Wi-Fi

不仅开始指代 IEEE 802.11b 这一标准，而且被人们广泛地用于整个 IEEE 802.11 家族，甚至成为 WLAN 的代名词。

3. WLAN 的组成及拓扑结构

WLAN 通常由站点、接入点、无线介质和分布式系统等部分组成。

1）站点

站点（Station，STA）是 WLAN 中的客户端，通常是具备无线网络接入能力的计算设备，也被称为网络适配器或网络接口卡。站点的基本功能包括鉴权、加密与数据传输。它既可以是固定的，也可以是移动的。

2）接入点

接入点（Access Point，AP）在 WLAN 中的功能类似于蜂窝移动通信中的基站。它的基本功能如下。

（1）作为 WLAN 与分布式系统的桥接点完成两者的桥接功能。

（2）作为 WLAN 的控制中心完成站点的控制与管理功能。

3）无线介质

无线介质是 WLAN 中站点之间、站点与接入点之间通信的传输媒介，一般指空气，它是无线电波和红外线传播的良好介质。

4）分布式系统

由于单个 WLAN 的覆盖范围有限，需要借助分布式系统来拓展局域网络范围或者接入互联网。分布式系统通过入口与骨干网络相连，其传输介质既可以是有线介质，也可以是无线介质。

任务实施

1. Wi-Fi 模块及相关 AT 指令

ESP8266 是一款超低功耗的 UART-Wi-Fi 透传模块，拥有业内极富竞争力的封装尺寸和超低能耗技术，专为移动设备和物联网设计，可将用户的物理设备连接至 Wi-Fi 网络进行通信，实现联网功能。ESP8266 有多种封装方式，天线可支持板载 PCB（印制电路板）

天线、IPEX 接口和邮票孔接口三种形式。ESP8266 可广泛应用于智能电网、智能交通、智能家居、手持设备、工业控制等领域。ESP8266 如图 3-1-1 所示。

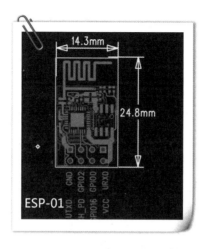

图 3-1-1　ESP8266

1）产品特性

（1）支持 IEEE 802.11b/g/n 标准。

（2）支持 STA、AP、STA+AP 三种工作模式。

（3）内置 TCP 或 IP 协议栈，支持多路 TCP Client 连接。

（4）支持丰富的 Socket AT 指令。

（5）支持 UART 或 GPIO 数据通信接口。

（6）支持智能链接（Smart Link）功能。

（7）支持远程升级（OTA）。

（8）内置 32 位中央处理器，可兼作应用处理器。

（9）超低能耗，适合为电池供电。

（10）3.3V 单电源供电。

2）硬件介绍

ESP8266 硬件接口丰富，可支持 UART、I²C、PWM、GPIO、ADC 等，适用于各种物联网的应用场合。

3）工作模式

ESP8266 支持 STA、AP、STA+AP 三种工作模式。

STA 模式：ESP8266 通过路由器连接互联网，手机或计算机通过互联网远程控制设备。

AP 模式：ESP8266 作为热点，可以实现手机或计算机与模块的直接通信和局域网的无线控制。

STA+AP 模式：两种模式的共存模式，即可以通过互联网控制实现无缝切换，方便操作。

2. Wi-Fi 的 AT 指令配置

1）测试 AT

测试 AT 语法规则如表 3-1-1 所示。

表 3-1-1　测试 AT 语法规则

指令类型	语法	返回和说明
执行指令	AT	OK

2）选择 Wi-Fi 应用模式：AT+CWMODE

AT+CWMODE 语法规则如表 3-1-2 所示。

表 3-1-2　AT+CWMODE 语法规则

指令类型	语法	返回和说明
设置指令	AT+CWMODE = <mode>	返回：OK
		说明：此指令需重启后生效（AT+RST）
查询指令	AT+CWMODE?	返回：+CWMODE:<mode> OK
		说明：当前处于何种模式
测试指令	AT+CWMODE?	返回：+CWMODE:(<mode>取值列表) OK
		说明：当前可支持哪些模式

AT+CWMODE 参数定义如表 3-1-3 所示。

表 3-1-3　AT+CWMODE 参数定义

参数	定义	取值	对取值的说明
<mode>	Wi-Fi 应用模式	1	STA 模式
		2	AP 模式
		3	STA+AP 模式

3）列出当前可用接入点：AT+CWLAP

AT+CWLAP 语法规则如表 3-1-4 所示。

表 3-1-4　AT+CWLAP 语法规则

指令类型	语法	返回和说明
执行指令	AT+CWLAP	返回：+CWLAP: <ecn>,<ssid>,<rssi>[,<mode>] OK
		说明：此指令返回 AP 列表

AT+CWLAP 参数定义如表 3-1-5 所示。

表 3-1-5　AT+CWLAP 参数定义

参数	定义	取值	对取值的说明
<ecn>	加密方式	0	OPEN
		1	WEP
		2	WPA_PSK
		3	WPA2_PSK
		4	WPA_WPA2_PSK
<ssid>	接入点名称		字符串参数
<rssi>	信号强度		
<mode>	连接模式	0	手动连接
		1	自动连接

4）加入接入点：AT+CWJAP

AT+CWJAP 语法规则如表 3-1-6 所示。

表 3-1-6　AT+CWJAP 语法规则

指令类型	语法	返回和说明
设置指令	AT+CWJAP=<ssid>,<pwd>	返回：OK 或 ERROR
		说明：若加入该 AP 成功，则返回 OK；若加入失败，则返回 ERROR
查询指令	AT+CWJAP?	返回：+CWJAP:<ssid> OK
		说明：返回当前选择的 AP

AT+CWJAP 参数定义如表 3-1-7 所示。

表 3-1-7　AT+CWJAP 参数定义

参数	定义	取值	对取值的说明
<ssid>	接入点名称		字符串型
<pwd>	密码		字符串型，最长为 64 字节，ASCII 编码

5）退出接入点：AT+CWQAP

AT+CWQAP 语法规则如表 3-1-8 所示。

表 3-1-8　AT+CWQAP 语法规则

指令类型	语法	返回和说明
执行指令	AT+CWQAP	返回：OK
		说明：表示成功退出该 AP
测试指令	AT+CWQAP=?	返回：OK
		说明：查询是否支持该指令

6）设置 AP 模式下的参数：AT+CWSAP

AT+CWSAP 语法规则如表 3-1-9 所示。

表 3-1-9　AT+CWSAP 语法规则

指令类型	语法	返回和说明
设置指令	AT+CWSAP=<ssid>,<pwd>,<chl>, <ecn>	返回：OK
		说明：设置参数成功
查询指令	AT+CWSAP?	返回：OK
		说明：查询当前 AP 参数

AT+CWSAP 参数定义如表 3-1-10 所示。

表 3-1-10　AT+CWSAP 参数定义

参数	定义	取值	对取值的说明
<ecn>	加密方式	0	OPEN
		1	WEP
		2	WPA_PSK
		3	WPA2_PSK
		4	WPA_WPA2_PSK
<ssid>	接入点名称		字符串参数
<pwd>	密码		字符串型，最长为 64 字节，ASCII 编码
<chl>	通道号		

7）建立 TCP/UDP 连接：AT+CIPSTART

AT+CIPSTART 语法规则如表 3-1-11 所示。

表 3-1-11　AT+CIPSTART 语法规则

指令类型	语法	返回和说明
设置指令	单路连接（+CIPMUX=0）时： AT+CIPSTART=<type>,<addr>,<port> 多路连接（+CIPMUX=1）时： AT+CIPSTART=<id>,<type>,<addr>,<port>	若格式正确，则返回： OK 否则返回： +CME ERROR: invalid input value 若连接成功，则返回： CONNECT OK　　　　（CIPMUX=0） <id>, CONNECT OK　　（CIPMUX=1） 若连接已经存在，则返回： ALREADY CONNECT 若连接失败，则返回： CONNECT FAIL　　　　（CIPMUX=0） <id>, CONNECT FAIL　（CIPMUX=1）

AT+CIPSTART 参数定义如表 3-1-12 所示。

表 3-1-12　AT+CIPSTART 参数定义

参数	定义	取值	对取值的说明
<id>	Link No.	0～4	连接序号，0 号可连接用户或服务器，其他 ID 只能用于连接远程服务器
<type>	连接类型	"TCP" / "UDP"	
<addr>	远程服务器 IP 地址		字符串型
<port>	远程服务器端口号		

8）获得 TCP/UDP 连接状态：AT+CIPSTATUS

AT+CIPSTATUS 语法规则如表 3-1-13 所示。

表 3-1-13　AT+CIPSTATUS 语法规则

指令类型	语法	返回和说明
执行指令	AT+CIPSTATUS	若是单路连接（AT+CIPMUX=0），则返回： OK STATE: <sl_state>
		若是多路连接（AT+CIPMUX=1），则返回： OK STATE:<ml_state>
		若配置为服务器，则返回： STATE:IP STATUS S: <sid>,<port>,<server state> C:<cid>, <TCP/UDP>, <IP address>, <port>, <client state>

指令类型	语法	返回和说明
测试指令	AT+CIPSTATUS=?	返回: OK

AT+CIPSTATUS 参数定义如表 3-1-14 所示。

表 3-1-14　AT+CIPSTATUS 参数定义

参数	定义	取值	对取值的说明
<sl_state>	单路连接状态	IP INITIAL	初始化
		IP STATUS	获得本地 IP 状态
		TCP CONNECTING/UDP CONNECTING	TCP 连接中或 UDP 端口注册中
		CONNECT OK	连接建立成功
		TCP CLOSING/UDP CLOSING	正在关闭 TCP 连接,正在注销 UDP 端口
<ml_state>	多路连接状态	IP INITIAL	初始化
		IP STATUS	获得本地 IP 状态
<sid>	服务器 ID	0~1	取值为 0 和 1
<server state>	服务器状态	OPENING	正在打开
		LISTENING	正在监听
		CLOSING	正在关闭
<cid>	客户端 ID	0~4	取值为 0、1、2、3、4
<IP address>	IP 地址	—	字符串参数(字符串需要加引号)
<port>	服务器监听端口号	—	整数型
<client state>	客户端状态	CONNECTED	已连接
		CLOSED	已关闭

9)启动多路连接模式:AT+CIPMUX

AT+CIPMUX 语法规则如表 3-1-15 所示。

表 3-1-15　AT+CIPMUX 语法规则

指令类型	语法	返回和说明
设置指令	AT+CIPMUX=<mode>	若正常响应,则返回: OK 若已经处于多路连接模式,则返回: Link is built
		说明:启动多路连接模式成功
查询指令	AT+CIPMUX?	返回:+CIPMUX:<mode> OK
		说明:查询当前是否处于多路连接模式

AT+CIPMUX 参数定义如表 3-1-16 所示。

表 3-1-16　AT+CIPMUX 参数定义

参数	定义	取值	对取值的说明
<mode>	是否处于多路连接模式	0	单路连接模式
		1	多路连接模式

10）发送数据：AT+CIPSEND

AT+CIPSEND 语法规则如表 3-1-17 所示。

表 3-1-17　AT+CIPSEND 语法规则

指令类型	语法	返回和说明
设置指令	单路连接（+CIPMUX=0）时： AT+CIPSEND=<length>	模块收到指令后先换行返回 ">"，再接收串口数据，当数据长度为 length 时发送数据 若未建立连接或连接被断开，则返回 ERROR；若数据发送成功，则返回 SEND OK
	多路连接（+CIPMUX=1）时： AT+CIPSEND=<id>,<length>	发送指定长度的数据
测试指令	AT+CIPSEND?	若为单路连接（AT+CIPMUX=0），则返回： +CIPSEND: <length> OK
		若为多路连接（AT+CIPMUX=1），则返回： +CIPSEND: <0-7>,<length> OK
执行指令	AT+CIPSEND	AT+CIPMODE=1 并且在客户端模式下，进入透传模式（需要支持硬件流控，否则在大量数据的情况下会丢数据） 模块收到指令后先换行返回 ">"，再发送串口接收到的数据

AT+CIPSEND 参数定义如表 3-1-18 所示。

表 3-1-18　AT+CIPSEND 参数定义

参数	定义	取值	对取值的说明
<length>	数据长度		单位为字节
<id>	Link No.	0~4	连接序号

11）关闭 TCP/UDP 连接：AT+CIPCLOSE

AT+CIPCLOSE 语法规则如表 3-1-19 所示。

表 3-1-19　AT+CIPCLOSE 语法规则

指令类型	语法	返回和说明
设置指令	单路连接时： AT+CIPCLOSE=<id>	返回： CLOSE OK

指令类型	语法	返回和说明
设置指令	多路连接时： AT+CIPCLOSE=<n>[,<id>]	返回： <n>,CLOSE OK
执行指令	AT+CIPCLOSE	若关闭成功，则返回： CLOSE OK 若关闭失败，则返回： ERROR
测试指令	AT+CIPCLOSE?	返回： OK
注意事项	（1）执行指令 AT+CIPCLOSE 只对单路连接有效，多路连接时返回 ERROR （2）执行指令 AT+CIPCLOSE 只有在 TCP/UDP CONNECTING 或 CONNECT OK 的状态下才会关闭连接，否则会认为关闭失败，返回 ERROR （3）在单路连接时，关闭后的状态为 IP CLOSE	

AT+CIPCLOSE 参数定义如表 3-1-20 所示。

表 3-1-20　AT+CIPCLOSE 参数定义

参数	定义	取值	对取值的说明
<id>	关闭模式	0	慢关（默认值）
		1	快关
<n>	Link No.	0～7	整数型，表示连接序号

12）获取本地 IP 地址：AT+CIFSR

AT+CIFSR 语法规则如表 3-1-21 所示。

表 3-1-21　AT+CIFSR 语法规则

指令类型	语法	响应和说明
执行指令	AT+CIFSR	+ CIFSR:<IP address> OK 或 ERROR
测试指令	AT+CIFSR=?	OK

AT+CIFSR 参数定义如表 3-1-22 所示。

表 3-1-22　AT+CIFSR 参数定义

参数	定义	取值	对取值的说明
<IP address>	本机目前的 IP 地址		

13）选择 TCP/IP 应用模式：AT+CIPMODE

AT+CIPMODE 语法规则如表 3-1-23 所示。

表 3-1-23　AT+CIPMODE 语法规则

指令类型	语法	返回
设置指令	AT+CIPMODE=<mode>	OK
查询指令	AT+CIPMODE?	+CIPMODE: <mode> OK

AT+CIPMODE 参数定义如表 3-1-24 所示。

表 3-1-24　AT+CIPMODE 参数定义

参数	定义	取值	对取值的说明
<mode>	TCP/IP 应用模式	0	非透传模式，默认模式
		1	透传模式

14）设置服务器主动断开连接的超时时间：AT+CIPSTO

AT+CIPSTO 语法规则如表 3-1-25 所示。

表 3-1-25　AT+CIPSTO 语法规则

指令类型	语法	返回和说明
设置指令	AT+CIPSTO=<server timeout >	OK
查询指令	AT+CIPSTO?	+ CIPSTO:<server timeout> OK

AT+CIPSTO 参数定义如表 3-1-26 所示。

表 3-1-26　AT+CIPSTO 参数定义

参数	定义	取值	对取值的说明
<server timeout >	用于设置服务器主动断开连接的超时时间	0～28800s	使用本指令设置超时时间后，服务器到时间就会断开连接

15）设置波特率：AT+CIOBAUD

AT+CIOBAUD 语法规则如表 3-1-27 所示。

表 3-1-27　AT+CIOBAUD 语法规则

指令类型	语法	返回
设置指令	AT+CIOBAUD=<rate>	OK

默认波特率是 9600bps。

AT+CIOBAUD 参数定义如表 3-1-28 所示，按照表 3-1-28 对波特率进行设置。

表 3-1-28　AT+CIOBAUD 参数定义

参数	定义	取值	对取值的说明
< rate >	波特率， 单位为 bps	0	自适应波特率
		110	
		300	
		1200	
		2400	
		4800	
		9600	
		14400	
		19200	
		28800	
		38400	
		57600	
		115200	
		230400	
		460800	
		921600	

3．AT 指令操作说明

第一步：发送 AT 指令，如图 3-1-2 所示。若使用带 Wi-Fi 模块的接口，则不会有硬件连接错误的情况，所以可以不发送 AT 指令。

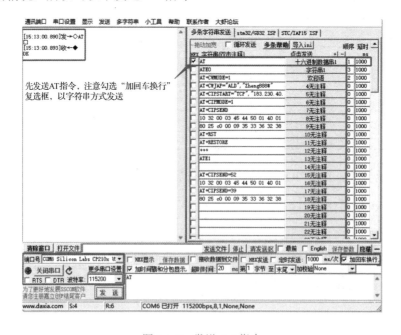

图 3-1-2　发送 AT 指令

第二步：发送"AT+CWMODE=2"或者"AT+CWMODE=3"指令。指令格式为 AT+CWMODE=<mode>，其中，<mode>为 1（STA 模式）、2（AP 模式）、3（STA+AP 模式）。响应返回数据：OK。设置 AP 模式如图 3-1-3 所示。

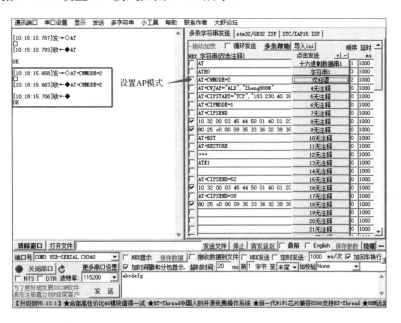

图 3-1-3　设置 AP 模式

第三步：开启服务器模式，如图 3-1-4 所示。

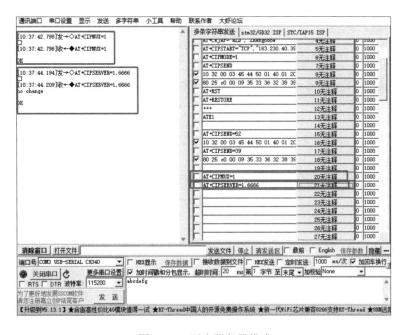

图 3-1-4　开启服务器模式

发送"AT+CIPMUX=1"和"AT+CIPSERVER=1,6666"指令，因为只有在开启多路连接模式时才能开启服务器模式。

可以通过网络调试助手在 TCP Client 模式（见图 3-1-5）下添加"IP：192.168.4.1（模块默认的 IP 地址），端口 6666（上一步设置的）"来收发数据。

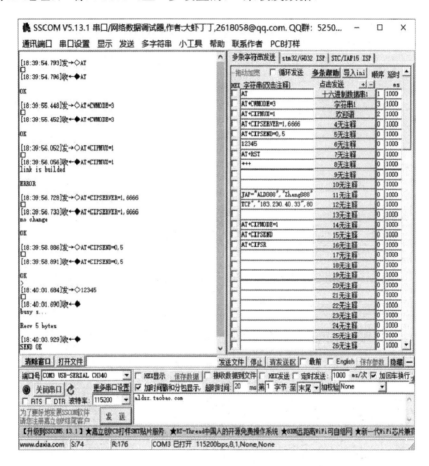

图 3-1-5　TCP Client 模式

任务二：Wi-Fi 接收温度

职业技能目标

- 能够根据项目需求设计项目流程。
- 能够完成 CC2530 单片机与 Wi-Fi 模块的接口程序，并组建 Wi-Fi 网络。

任务描述与需求

能够通过微处理器采集温度数据，并将数据通过 Wi-Fi 传输至检测终端。

任务实施

1. 项目相关电路图

DS18B20 接线和实物如图 3-2-1 所示。

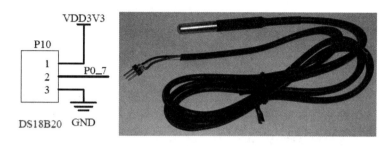

图 3-2-1　DS18B20 接线和实物

DS18B20 输出引线：红色（VCC）、白色（DATA）、黑色（GND）或者为红色（VCC）、绿色（DATA）、黄色（GND），焊接时 DS18B20 的白色或绿色引线在接插件 3 只引脚的中间，将 DS18B20 的红色引线插入开发板 P10 的 3.3V 就可以使用了。

实验中用到了串口和 P0_7，前面已详细讲解了串口相关寄存器的配置与使用，此处不再赘述。DS18B20 程序采用模块化编程思想，仅需调用温度读取函数，移植到其他平台也非常容易。

2. 实验核心代码讲解

main 函数作为程序的主入口，实现了串口、Wi-Fi 模块、LED、温度传感器的初始化，采集数据后通过计算机或者手机的 Wi-Fi 连接至网络中运行的服务器来接收程序，并进行数据采集和控制。

```
1.  /******************************************************************
2.   * 程序入口函数
3.   ******************************************************************/
4.  void main(void)
5.  {
6.    char ret=0,count=0;
```

```
7.
8.    CLKCONCMD &= ~0x40;                        //设置系统时钟源为 32MHz 晶振
9.    while(CLKCONSTA & 0x40);                   //等待晶振频率稳定为 32MHz
10.   CLKCONCMD &= ~0x47;                        //设置系统的主时钟频率为 32MHz
11.
12.   DelayMS(1000);        //延时先启动 Wi-Fi
13.   InitLed();                 //初始化 LED 的 I/O 端口，使所有 LED 默认为熄灭状态
14.
15.   InitUart0();          //初始化串口 0
16.   ClearUart0Buf();      //清空缓冲区
17.   Uart0SendString("init uart0 OK\r\n");   //串口 0 的输出提示信息
18.
19.   InitLcd();               //初始化 LCD
20.
21.   DrawRectFill(0 ,0 ,128,128,GREEN);//背景色
22.   DrawRectFill(3 ,20 ,122,106,WHITE); //显示窗口
23.
24.   Color    = BLACK; //前景色
25.   Color_BK = GREEN; //背景色
26.   LCD_write_CN_string(9, 3, "测试程序");  //显示标题
27.
28.   //输出到 LCD 显示
29.   Color    = BLACK;
30.   Color_BK = WHITE; //背景色
31.   LCD_write_CN_string(7, 35, "温度：");
32.
33.   Color    = BLACK;
34.   LCD_write_CN_string(88, 35, "℃");
35.
36.   Uart0SendString("init LCD OK\r\n");
37.
38.   InitUart1();           //初始化串口 1
39.   ClearUart1Buf();        //清空缓冲区
40.
41.
42.   ret = SendAT(AT_AT);  //向 Wi-Fi 模块发送 AT 指令，测试硬件连接是否正常
43.   //如果连接异常或陷入死循环，那么不再向 Wi-Fi 模块发送其他指令，可以先排除异常，再重启
开发板进行测试
44.   while(ret == 0)
45.   {
46.     LCD_P8x16Str(7, 110,"WIFIconnect fail");
47.     DelayMS(1000);
48.   }
```

```
49.
50.   Uart0SendString("UART1&WiFi OK\r\n");    //通过串口 0 提示当前 Wi-Fi 连接正确并
返回
51.
52.   Uart1SendString("AT+CWMODE=3\r\n");       //设置 Wi-Fi 为 STA+AP 模式
53.   DelayMS(300);
54.   ClearUart1Buf();
55.
56.   Uart1SendString("AT+CWSAP?\r\n");   //返回当前 AP 参数 CWSAP:<ssid>,<pwd>,
<chl>,<ecn>
57.   DelayMS(300);
58.
59.   SendAT(AT_CIPMUX);        //设置为连接模式，启动多路连接模式
60.   SendAT(AT_CIPSERVER);  //开启服务器模式，端口 6666
61.   SendAT(AT_CIFSR);         //获取本地 IP 地址，在 LCD 上显示
62.
63.   LED2 = 0;                         //配置 Wi-Fi 成功，点亮 LED2，提示用户
64.
65.   while(1)
66.   {
67.     //大约 1s 读取一次温度，有网络连接时发送数据
68.     if(count++ > 7)  //可自行修改时间，避免读取频率过快
69.     {
70.       Get_DS18B20();  //获取温度值
71.       count = 0;
72.
73.       //有接口连接 Wi-Fi 后才发送数据
74.       if(SocketConnected)
75.       {
76.         SendDataToWifi(strData, strlen(strData)) ;  //发送数据至手机
77.         //Uart0SendString("send MB OK\r\n");
78.       }
79.     }
80.
81.     LedState(); //显示 LED 状态
82.
83.     //若接收到"CONNECT"并且没有失败，则可以向手机发送数据
84.     if(strstr((char const *)Uart1RxBuf,WIFI_CONNECT)!= NULL && strstr((char
const *)Uart1RxBuf, WIFI_FAIL) == NULL)
85.     {
86.       LCD_P8x16Str(7, 110,"socket OK    ");
87.       SocketConnected = 1;
88.       ClearUart1Buf();
```

```
89.      }
90.
91.      //接收到手机或计算机发送的控制指令
92.      if(strstr((char const *)Uart1RxBuf, IDENTIFIER)!=NULL)
93.      {
94.        WifiCtrlZigbeeLed((char const *)Uart1RxBuf);//接收到数据，控制 LED
95.      }
96.
97.      //接收到未连接提示：link is not valid
98.      if(strstr((char const *)Uart1RxBuf, WIFI_NOT_LINK)!=NULL)
99.      {
100.         LCD_P8x16Str(7, 110,"socket UnLink");
101.         SocketConnected = 0;
102.         ClearUart1Buf();
103.       }
104.
105.       //接收到断开连接提示：CONNECT FAIL
106.       if(strstr((char const *)Uart1RxBuf, WIFI_CON_FAIL)!=NULL)
107.       {
108.         LCD_P8x16Str(7, 110,"CONNECT FAIL");
109.         SocketConnected = 0;
110.       }
111.
112.       //手机发送 GETDATA 指令，可手动返回数据
113.       if(strstr((char const *)Uart1RxBuf, WIFI_GET_DATA)!=NULL) //接收到
应用程序下发的 GETDATA 指令
114.       {
115.         SendDataToWifi(strData,strlen(strData)) ;
116.       }
117.
118.       ClearUart1Buf();
119.       DelayMS(200);
120.     }
121.   }
```

Get_DS18B20 函数为温度传感器驱动函数，相关代码如下。

```
1.  /****************************************************************
2.  * 功    能：获取 DS18B20 温度值
3.  ****************************************************************/
4.  char Get_DS18B20(void)
5.  {
6.    float fTemp;
```

```
7.
8.
9.     P0SEL &= 0x7f;                    //DS18B20 的 I/O 端口初始化
10.
11.    memset(strData, 0, MAX_SIZE);    //发送信息数组
12.    memset(strTemp, 0, ARRAY_SIZE(strTemp));
13.
14.    //厂家提供的程序温度值不带小数，DS18B20 本身是支持 1 位小数的，修改后的支持精度更高
15.    fTemp = floatReadDs18B20();         //温度读取函数，带 1 位小数
16.
17.    //没有接收到传感器的相应提示
18.    if(fTemp == 4080)
19.    {
20.      LCD_write_EN_string(7, 110, "No sensor!");
21.      Uart0SendString("No sensor!");     //没有接入传感器，发送 "No sensor!"
22.      return 0;
23.    }
24.
25.    sprintf(strData, "%.01f", fTemp);   //将温度浮点数转换为字符串
26.    Color  = BLUE;
27.    LCD_write_EN_string(55, 35, (unsigned char *)strData);
28.
29.    sprintf(strTemp, "temp:%.01f\r\n", fTemp);  //格式化温度数据以供串口输出使用
temp:22.9
30.    Uart0SendString(strTemp);  //通过串口 0 输出温度的数据，发送 "strData" 至手机
31.
32.    return 1;
33. }
```

向 Wi-Fi 模块发送 AT 指令来控制 Wi-Fi 模块，相关代码如下。

```
1.    /*********************************************************************
2.    * 功    能：向 Wi-Fi 模块发送 AT 指令来控制 Wi-Fi 模块
3.    * 参数说明："string" 为发送的 AT 指令
4.    * Wi-Fi 进入透传模式，发送数据至 Wi-Fi 模块，若手机连接 Wi-Fi，则可以接收数据
5.    *********************************************************************/
6.    char SendDataToWifi(char *str, int len)
7.    {
8.      char strCMD[20];
9.
10.     int nTimeOut=0;//重复检测的计数变量，超时
11.
```

```
12.    memset(strCMD,0,20);
13.    //使用 "AT+CIPSEND" 指令发送 TCP 消息
14.    //参数说明：<id>用于传输连接的 ID 号，<length>表明发送数据的最大长度为 2048 字节
15.    sprintf(strCMD, "AT+CIPSEND=%d,%d\r\n", SocketID, len);
16.
17.    Uart1SendString(strCMD);
18.    DelayMS(200);
19.
20.    while(strstr((char const *)Uart1RxBuf,">")==NULL)
21.    {
22.      if(nTimeOut > 10)
23.      {
24.        nTimeOut=0;
25.        return -1;
26.      }
27.
28.      DelayMS(10);
29.      nTimeOut++;
30.    }
31.
32.    Uart1SendString(str);
33.
34.    return 0;
35. }
```

　　向 Wi-Fi 模块发送 AT 指令来控制 Wi-Fi 模块，检测 Wi-Fi 模块返回的数据中有无"OK"。如果没有"OK"，那么 LED1 闪烁以提示用户检查硬件连接。

```
1.  /*****************************************************************************
2.  * 功    能：向 Wi-Fi 模块发送 AT 指令来控制 Wi-Fi 模块
3.  * 参数说明："string" 为发送的 AT 指令
4.  * 检测 Wi-Fi 模块返回的数据中有无 "OK"，如果没有 "OK"，那么 LED1 闪烁以提示用户检查硬件连接
5.  *****************************************************************************/
6.  char SendAT(char * string)
7.  {
8.    unsigned char time_out = 4;
9.    char * pAddr;
10.   char i=0;
11.
12.   ClearUart1Buf();
13.   Uart1SendString(string);
```

```
14.
15.    while(time_out--)  //重复检测 4 次
16.    {
17.      DelayMS(300);
18.
19.      //查询 IP 地址后 Wi-Fi 正常返回 CIFSR
20.      if(strstr((char const *)Uart1RxBuf,"CIFSR") != NULL)
21.      {
22.        pAddr = strstr((char const *)Uart1RxBuf, "APIP,\"") + 6;
23.        while(*pAddr != '"')
24.        {
25.          WiFiIPAddr[i++] = *pAddr;
26.          pAddr++;
27.        }
28.        WiFiIPAddr[i] = 0;
29.        LCD_P8x16Str(7, 80, (unsigned char *)WiFiIPAddr); //显示 IP 地址
30.        LCD_P8x16Str(95, 80, "6666");  //显示端口号
31.        ClearUart1Buf();
32.        return 1;
33.      }
34.      else if(strstr((char const *)Uart1RxBuf,"OK")==NULL)
35.      {
36.        //Wi-Fi 没有返回 OK
37.        LED1 = !LED1;
38.        LCD_P8x16Str(7, 110,"WiFi fail"); //如果失败，那么查看 string 中的指令后分
析原因
39.        DelayMS(300);
40.        ClearUart1Buf();
41.      }
42.      else
43.      {
44.        //Wi-Fi 正常返回 OK
45.        LCD_P8x16Str(7, 110,"Wifi [OK] ");
46.        DelayMS(500);
47.        ClearUart1Buf();
48.        return 1;
49.      }
50.    }
51.
52.    return 0;
53. }
```

任务三：Wi-Fi 环境采集

职业技能目标

- 能够基于协议栈进行环境采集。
- 能够使用 Wi-Fi 模块接收协调器采集的终端环境数据。

任务描述与需求

能够通过协调器和终端进行 ZigBee 无线组网，通过无线组网将 ZigBee 终端数据发送给协调器，协调器和 Wi-Fi 模块通过串口进行数据通信，ZigBee 终端与 Wi-Fi 模块连接，并接收 Wi-Fi 模块发送的数据。

任务实施

1. ZStack-2.5.1a 协议栈中双串口的配置与使用

CC2530 有两个 USB 转串口，分别是 USART0 和 USART1，它们能够分别运行于异步 UART 模式或者同步 SPI 模式，并且 USART0 和 USART1 具备同样的功能，可以设置在备用 I/O 引脚。根据外设 I/O 引脚映射可知 USART0 对应的外设 I/O 引脚关系。

位置 1：P0_2——RX　　　P0_3——TX

位置 2：P1_4——RX　　　P1_5——TX

USART1 对应的外设 I/O 引脚关系如下。

位置 1：P0_5——RX　　　P0_4——TX

位置 2：P1_7——RX　　　P1_6——TX

USART 模式的操作具有下列特点。

（1）8 位或者 9 位负载数据。

（2）奇校验、偶校验或者无奇偶校验。

（3）配置起始位和停止位电平。

（4）配置最低有效位或最高有效位首先发送。

（5）独立接收中断。

（6）独立收发 DMA（直接存储器存取）触发。

CC2530 的寄存器如下。

PERCFG：外设控制寄存器。

P2DIR：端口 2 方向和端口 0 外设优先级控制寄存器。

IEN0：中断使能 0 寄存器。

IRCON2：中断标志控制寄存器。

UxCSR：USARTx 控制和状态寄存器。

UxUCR：USARTx 串口控制寄存器。

UxGCR：USARTx 通用控制寄存器。

UxBUF：USARTx 接收/发送数据缓存寄存器。

UxBAUD：USARTx 波特率控制寄存器。

CC2530 配置串口的一般步骤如下。

（1）配置串口的备用位置，是备用位置 1，还是备用位置 2。配置外设控制寄存器。

（2）配置 I/O 端口，使用外设功能，此处配置 P0_2 和 P0_3 用作串口 USART0。

（3）配置端口的外设优先级，此处配置 P0 外设优先作为 USART0 功能。

（4）配置相应串口的控制和状态寄存器，此处配置 USART0 的工作寄存器。

（5）配置串口工作的波特率，此处设置为 115200bps。

（6）将对应的串口接收/发送中断标志位清零，接收/发送 1 字节都将产生一个中断，在接收时需要开启总中断和使能接收中断，以及将允许接收标志设置为 1。

在配置 USART0 的基础上配置 USART1，一个使用 DMA 方式，另一个使用 ISR（中断服务程序）方式。初始化后，修改 "hal_board_cfg.h" 文件内关于 DMA 和 ISR 的相关设置，两个串口使用不同的通信方式。

因为在 "hal_board_cfg.h" 文件中默认 DMA 优先于 ISR，需要修改程序中 HAL_UART_ISR 的配置，相关代码如下。

```
#if HAL_UART
#ifndef HAL_UART_DMA
#if HAL_DMA
#if (defined ZAPP_P2) || (defined ZTOOL_P2)
#define HAL_UART_DMA 2
#else
#define HAL_UART_DMA 1
#endif
```

```
#else
#define HAL_UART_DMA 0
#endif
#endif
#ifndef HAL_UART_ISR
#if HAL_UART_DMA //默认DMA优先于ISR
#define HAL_UART_ISR 2 //将HAL_UART_ISR 0改为2
#elif (defined ZAPP_P2) || (defined ZTOOL_P2)
#define HAL_UART_ISR 2
#else
#define HAL_UART_ISR 1
#endif
#endif
```

在"_hal_uart_isr.c"文件中修改串口1的寄存器配置，相关代码如下。

```
#if (HAL_UART_ISR == 1)
#define PxOUT P0
#define PxDIR P0DIR
#define PxSEL P0SEL
#define UxCSR U0CSR
#define UxUCR U0UCR
#define UxDBUF U0DBUF
#define UxBAUD U0BAUD
#define UxGCR U0GCR
#define URXxIE URX0IE
#define URXxIF URX0IF
#define UTXxIE UTX0IE
#define UTXxIF UTX0IF
#else
#define PxOUT P0 //串口1使用Alt-1、P0_4和P0_5
#define PxDIR P0DIR
#define PxSEL P0SEL
#define UxCSR U1CSR
#define UxUCR U1UCR
#define UxDBUF U1DBUF
#define UxBAUD U1BAUD
#define UxGCR U1GCR
#define URXxIE URX1IE
#define URXxIF URX1IF
#define UTXxIE UTX1IE
#define UTXxIF UTX1IF
#endif
#if (HAL_UART_ISR == 1)
```

```
#define HAL_UART_PERCFG_BIT 0x01
#define HAL_UART_Px_RX_TX 0x0C
#define HAL_UART_Px_RTS 0x20
#define HAL_UART_Px_CTS 0x10
#else
#define HAL_UART_PERCFG_BIT 0x02
#define HAL_UART_Px_RTS 0x20
#define HAL_UART_Px_CTS 0x10
#define HAL_UART_Px_RX_TX 0x30
#endif
```

在 "_hal_uart_isr.c" 文件中修改串口初始化代码。

```
static void HalUARTInitISR(void)
{
P2DIR &= ~P2DIR_PRIPO;
P2DIR |= HAL_UART_PRIPO;
#if (HAL_UART_ISR == 2)//#if (HAL_UART_ISR == 1)
PERCFG &= ~HAL_UART_PERCFG_BIT;
#else
PERCFG |= HAL_UART_PERCFG_BIT;
#endif
PxSEL |= HAL_UART_Px_RX_TX;
ADCCFG &= ~HAL_UART_Px_RX_TX;
UxCSR = CSR_MODE;
UxUCR = UCR_FLUSH;
}
```

在 SerialApp 里面加入串口的配置，相关代码如下。

```
void SerialApp_Init( uint8 task_id )
{
uartConfig.callBackFunc = Uart0_CallBack;
HalUARTOpen (UART0, &uartConfig);
uartConfig.callBackFunc = Uart1_CallBack;
HalUARTOpen (UART1, &uartConfig);
HalUARTWrite(UART0, "Init0", 5);
HalUARTWrite(UART1, "Init1", 5);
}
```

2. 协议栈采集数据通过 Wi-Fi 进行传输

接收协调器数据的代码如下。

```
1.  void SerialApp_SendPeriodicMessage( void )
2.  {
```

```
3.      char temp[3], humidity[3], strTemp[7];
4.
5.      DHT11();                //获取温湿度数据
6.
7.      //将温湿度数据转换为字符串, 供 LCD 显示
8.      temp[0] = wendu_shi+0x30;
9.      temp[1] = wendu_ge+0x30;
10.     temp[2] = '\0';
11.     humidity[0] = shidu_shi+0x30;
12.     humidity[1] = shidu_ge+0x30;
13.     humidity[2] = '\0';
14.     //将数据整合后发送至协调器上显示
15.     osal_memcpy(strTemp, temp, 2);
16.     osal_memcpy(&strTemp[2], "  ", 2);
17.     osal_memcpy(&strTemp[4], humidity, 3);
18.
19.     //获得的温湿度数据通过串口输出至计算机上显示
20.     HalUARTWrite(0, "T&H:", 4);
21.     HalUARTWrite(0, (uint8 *)strTemp, 6);
22.     HalUARTWrite(0, "\n",1);
23.
24.     //输出至 LCD 上显示
25.     Color    = BLACK;
26.     Color_BK = WHITE; //背景色
27.     LCD_write_CN_string(7, 80, "温度: ");
28.     LCD_write_CN_string(7, 95, "湿度: ");
29.
30.     Color    = RED;
31.     HalLcdWriteEnString( 49, 80, temp );
32.     HalLcdWriteEnString( 49, 95, humidity );
33.
34.     Color    = BLACK;
35.     LCD_write_CN_string(63, 80, "℃");
36.     LCD_write_CN_string(63, 95, "%");
37.
38.
39.     SerialApp_TxAddr.addrMode = (afAddrMode_t)Addr16Bit;
40.     SerialApp_TxAddr.endPoint = SERIALAPP_ENDPOINT;
41.     SerialApp_TxAddr.addr.shortAddr = 0x00;
42.     if ( AF_DataRequest( &SerialApp_TxAddr, (endPointDesc_t
*)&SerialApp_epDesc,
43.                       SERIALAPP_CLUSTERID1,
44.                       6,
```

```
45.                  (uchar *)strTemp,
46.                  &SerialApp_MsgID,
47.                  0,
48.                  AF_DEFAULT_RADIUS ) == afStatus_SUCCESS )
49.  {
50.
51.  }
52.  else
53.  {
54.
55.  }
56. }
```

ESP8266 初始化的代码如下。

```
1.  #pragma optimize=none
2.  static uint8 InitESP8266(void)
3.  {
4.    stepFlag = WIFI_AT_CWMODE;
5.
6.    UartSendString(AT_CWMODE); //AT+CWMODE=2 :1 为 STA 模式，2 为 AP 模式，3 为
STA+AP 模式
7.    HalLcdWriteEnString( 10, 90, "AT_CWMODE" );
8.
9.    return 1;
10. }
11.
12. static void UartSendString(char *Data)
13. {
14.   HalUARTWrite(SERIAL_APP_PORT, (uchar *)Data, strlen(Data));
15. }
```

Wi-Fi 数据发送的代码如下。

```
1.  #pragma optimize=none
2.  static void SerialApp_Send(void)
3.  {
4.    char *pAddr, i=0, * temp_ip;
5.
6.    if (!SerialApp_TxLen &&
7.      (SerialApp_TxLen = HalUARTRead(SERIAL_APP_PORT, SerialApp_TxBuf,
SERIAL_APP_TX_MAX)))
8.    {
9.      if (SerialApp_TxLen)
```

```
10.        {
11.      if(strstr((char const*)SerialApp_TxBuf, "OK") != NULL)
12.       {
13.         if(stepFlag == WIFI_AT_CWMODE)
14.         {
15.           HalLcdWriteEnString( 10, 80, "AT_CWMODE" );
16.           stepFlag = WIFI_AT_CIPMUX;
17.           UartSendString(AT_CIPMUX); //多路连接
18.         }
19.         else if(stepFlag == WIFI_AT_CIPMUX)
20.         {
21.           HalLcdWriteEnString( 10, 80, "AT_CIPMUX" );
22.           stepFlag = WIFI_AT_CIPSERVER;
23.           UartSendString(AT_CIPSERVER);//开启服务器模式，端口 6666
24.         }
25.         else if(stepFlag == WIFI_AT_CIPSERVER)
26.         {
27.           HalLcdWriteEnString( 10, 80, "WiFi server" );
28.           stepFlag = WIFI_AT_CIFSR;
29.           UartSendString(AT_CIFSR);//获得 IP 地址
30.         }
31.         else if(stepFlag == WIFI_AT_INIT_OK)
32.         {
33.           //stepFlag = 0;
34.           HalLcdWriteEnString( 10, 110, "WIFI_AT_INIT_OK" );
35.         }
36.         else if(stepFlag == WIFI_AT_CIPSEND &&
37.                 (strstr((char const *)SerialApp_TxBuf,">") != NULL))//透传模
式可以发送真实数据
38.         {
39.           stepFlag = WIFI_AT_CIPSEND;
40.           UartSendString(dht11Data);
41.         }
42.         else if(strstr((char const*)SerialApp_TxBuf, "SEND OK") != NULL)
43.         {
44.           stepFlag = 0;
45.           HalLcdWriteString(SerialApp_TxBuf, 6);//显示 Wi-Fi 返回的数据
46.         }
47.         else
48.         {
49.           stepFlag = WIFI_AT_INIT_OK; //Wi-Fi 返回其他数据
50.           //HalLcdWriteEnString( 9, 110, "WIFI Erroe.AT+RESTORE" );
51.           //HalLcdWriteEnString( 9, 110, SerialApp_TxBuf );
```

```
52.          }
53.        }
54.      else if(strstr((char const *)SerialApp_TxBuf,"CIFSR") != NULL)
55.      {
56.        stepFlag = WIFI_AT_INIT_OK;
57.        pAddr = strstr((char const *)SerialApp_TxBuf, "APIP,\"") + 6;
58.        while(*pAddr != '"')
59.        {
60.          WiFiIPAddr[i++] = *pAddr;
61.          pAddr++;
62.        }
63.        WiFiIPAddr[i] = 0;
64.        HalLcdWriteEnString( 10, 94, WiFiIPAddr );
65.      }
66.      else if(strstr((char const *)SerialApp_TxBuf,">") != NULL)
67.      { //透传模式可以发送真实数据
68.        if(stepFlag == WIFI_AT_CIPSEND)
69.          UartSendString(dht11Data);
70.        HalLcdWriteEnString( 10, 110, "WIFI_123" );
71.      }
72.      else if(strstr((char const*)SerialApp_TxBuf, "ERROR") != NULL)
73.      { //模块配置返回错误时复位,并返回错误启动 Wi-Fi 的指令
74.        if(strstr((char const*)SerialApp_TxBuf, "valid") != NULL)
75.          HalLcdWriteEnString( 6, 110, "MobileConnect8266");//手机要连接上
ESP8266 的 Wi-Fi
76.        else
77.          UartSendString(AT_RESTORE);//Wi-Fi 复位
78.      }
79.      else
80.      {
81.        //处理接收到的数据
82.        HalLcdWriteString(SerialApp_TxBuf, 6);
83.      }
84.
85.      SerialApp_TxLen = 0;
86.      osal_memset(SerialApp_TxBuf, 0, SERIAL_APP_TX_MAX);
87.    }
88.  }
89. }
```

项目四

基于 LoRa 的厂区环境监测系统

任务一：搭建 LoRa 认知及环境

职业技能目标

- 了解低功耗广域技术和 LoRa 协议的相关内容。
- 能够搭建开发环境并完成程序的移植、配置、调试与下载。

任务描述与需求

任务描述：城市的发展对工厂的生产环境提出了更高的要求，为了满足这一要求，需要采集大型工厂不同区域的环境数据，实现对工厂环境的管控。

任务需求：通过本任务了解低功耗广域技术，并且能够搭建开发环境，测试开发功能。

知识梳理

1. 低功耗广域技术

低功耗广域（Low Power Wide Area，LPWA）技术可使用较低功耗实现远距离的无线信号传输。与常见的 BLE（低功耗蓝牙）、ZigBee 和 Wi-Fi 等技术相比，低功耗广域技术的传输距离更远，一般为千米级，其链路预算（Link Budget）可达 160dBm，而 BLE 和 ZigBee 等技术的链路预算一般小于 100dBm。与传统的蜂窝网络技术（2G、3G）相比，低功耗广域技术的功耗更低，电池供电设备的使用寿命可达数年。基于这两个显著特点，低功耗广域技术可以真正实现物物互联，助力和引领未来物联网的技术革命。

物联网通信技术可以根据传输距离划分为以下两大类。

（1）短距离通信技术，包括 ZigBee、Wi-Fi、BLE 和 Z-Wave 等。

（2）长距离通信技术，主要包括电信运营商的蜂窝移动通信技术和低功耗广域技术。

低功耗广域网络（Low Power Wide Area Network，LPWAN）是使用低功耗广域技术搭建的无线通信网络。LPWAN 的覆盖范围广、终端节点功耗低、网络结构简单、运营维护成本低。目前主流的低功耗广域技术有以下两类。

一类工作在 Sub-GHz 非授权频段，如 LoRa、SigFox 等。LoRa（Long Range Radio，远距离无线电）技术标准由美国 Semtech 公司提出，并在全球范围内成立了广泛的 LoRa 联盟。SigFox 技术标准由法国的 SigFox 公司提出，由于其使用的频段与我国的频谱资源冲突，暂时未在我国得到应用。

另一类工作在授权频段，如 NB-IoT、eMTC 等。eMTC 的全称是 LTE Enhanced MTO，是基于 LTE（长期演进）的物联网技术。为了更加适应物与物之间的通信，也为了降低成本，eMTC 对 LTE 协议进行了裁剪和优化。eMTC 基于蜂窝网络进行部署，支持上下行峰值速率最高可达 1Mbit/s，可以支持丰富的物联网应用。

2．LoRa 技术初探

1）LoRa 简介

LoRa 是一种基于扩频技术的远距离无线传输技术，是众多低功耗广域技术中的一种，最早由美国 Semtech 公司创建并推广。LoRa 的最大特点是在相同功耗条件下比其他无线方式的传输距离更远（提高了 3～5 倍），实现了低功耗与远距离的统一。目前，LoRa 主要在 ISM 的免费频段（包括 433MHz、868MHz 和 915MHz 等）上运行。

2）LoRa 的技术背景

2013 年 8 月，Semtech 公司发布了一种使用 Sub-GHz 的、具有超长距离和低功耗数据传输技术的芯片，即 LoRa 芯片。该芯片的接收灵敏度达到-148dBm，相比于业界其他同类产品提高了 20dBm 以上，极大地提高了网络连接的可靠性。

LoRa 芯片能做到低功耗与远距离的统一与它背后优秀的技术是分不开的。LoRa 使用了线性扩频调制（Chip Spread Spectrum，CSS）技术，既保持了与频移键控（Frequency Shift Keying，FSK）调制相同的低功耗特性，又明显地增加了通信距离，增强了抗干扰性能（使用不同扩频序列的终端即使采用同频发送也不会产生串扰）。基于上述特性，LoRa 网络中的集中器或网关可并行接收并处理多个 LoRa 节点的数据，系统容量也因此大大提高。

3）LoRa 的技术特点

LoRa 技术具有以下特点。

（1）传输距离远，市区城镇内可达 2km～5km，在郊区可达 15km 及以上。

（2）传输速率低，从数千比特/秒到数万比特/秒。

（3）工作频段为免授权 ISM 频段。

（4）成本低，LoRa 网关价格低，企业可自行组网，降低了运营成本。

（5）功耗低，电池寿命可达 10 年。

（6）容量大，一个 LoRa 网关可连接上万个节点。

4）LoRa 的应用场景

LoRa 的技术特点决定了其适合部署在传输距离远、功耗低及容量大的物联网应用场景。此外，LoRa 还可满足定位跟踪的应用需求，具体而言，LoRa 可应用于智慧城市、智慧消防、智慧农业、智慧医疗、智慧油田等领域。我国在某些重点领域也已开展了 LoRa 网络的建设。

根据相关数据统计，我国有多家企业已开展了 LoRa 模块的研发工作，如 AUGTEK、普天通达、锐捷网络等。中国 LoRa 应用联盟（CLAA）也推动了 LoRa 网络的覆盖，未来 LoRa 网络将在各行各业实现覆盖，为社会提供更高效的物联网服务。下面介绍 LoRa 的不同应用场景。

（1）智慧城市。

传统的电表、水表、气表采用人工抄表的形式，成本高、易出错，由于它们的安装位置比较隐蔽，因此对信号的覆盖能力和穿透能力提出了很高的要求。

目前城市道路上部署的井盖类型众多，有雨水井盖、污水井盖、电力井盖和通信井盖等，数量众多。井盖一旦被非法开启或盗窃，将存在极大的安全隐患，因此监控井盖的异常状况并监督其恢复情况在确保市民安全、防涝减灾等方面具有重大的意义。然而，井盖的数量众多且监控设备的安装不可外露（必须安装在井盖下），此项应用对设备组网的容量和信号的穿透性能的要求较高。

随着城镇化的发展，人口密集城市的垃圾桶管理对城市的整洁度具有重要意义。监测垃圾堆积高度、垃圾桶倾斜或者被移动等异常情况，并将数据上报管理中心可以有效地解决垃圾桶管理中的难点，此项应用最大的难点是信号的覆盖与成本控制。

（2）智慧消防。

火灾是现实生活中最常见、危害最大的灾难之一，直接关系到人们的生命和财产安全。当前城市的消防建设中仍然存在以下安全隐患。

一是消防安全监控盲点。火灾报警监测终端的远程管控可以在各盲点区域部署智能、无线、独立式烟感探测器、声光报警器和手动报警器等设备，设备监测到异常情况时，通过其内置的 LoRa 模块上报数据至网关，网关对数据进行处理和融合后上传至平台层和应用程序。

二是线路老化、负荷过高造成的电气火灾隐患。通过在低压配电柜内设置电气火灾监测终端，可以准确、全天候地监测电气线路中的电压、电流和温度的实时情况。

三是燃气泄漏引发的爆炸、中毒和火灾隐患。可以设置可燃气体探测报警器，实时、连续地采集环境中的有害气体，通过 LoRa 网络发送至运营监控中心，以及时处理险情。

四是消防栓水压不足或无水导致不能及时灭火。可以设置投入式液位计实时监测消防水池或高位水箱的水位变化，在消防管网中设置无线压力变送器，实时监测管网内的水压，若发现异常，则通过 LoRa 网络反馈至消防物联网平台。

（3）智慧农业。

智慧农业是指将信息技术应用于农业发展的各个环节，进而大幅度提高农业生产效率和生产力，全面推动农业现代化的发展进程。

草原畜牧业的应用场景广阔，在草原监控区域需要设置环境数据（温度、水质等）的监控终端，可以满足牛、羊等家畜的定位及发情期监控等需求。

渔场需要设置大量的监测终端，用于采集水温、水质、溶解氧的情况并上报至后台服务器，为投苗、用药、排污等精准养殖需求提供大数据分析决策。

在智能灌溉的应用场景中，需要外接多种传感器，如土壤湿度检测传感器、自保持式电磁阀等。

上述各项智慧农业的具体应用场景对传输距离、抗干扰性能及成本等方面有较高的要求，每 5km 的直径范围内设置一个 LoRa 网关可以完美且低成本地解决各智慧农业场景的低频数据回传问题。

任务实施

1. 硬件选型

1）LoRa 终端节点架构

LoRa 终端节点负责将传感器获取到的数据上传至 LoRa 网关。LoRa 终端节点由采集参数的传感器模块、控制数据发送的微处理器模块、负责数据传输的 LoRa 射频模块、负责供电的电源模块构成，如图 4-1-1 所示。

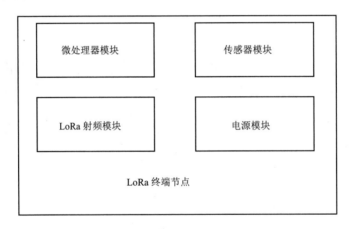

图 4-1-1　LoRa 终端节点架构

2）微处理器模块选型

选取微处理器的重点是能够运行 LoRaWAN 协议栈，微处理器需要具有功耗低、容量大、碰撞处理合理、数据使用安全等优点。

在环境监测系统中，通过对比 S78S、STM32L152RET6 和 ATMEGA328P，最终选取了搭载微处理器 ATMEGA328P 的 Arduino 开发板，微处理器性能对比如表 4-1-1 所示。

表 4-1-1　微处理器性能对比

芯片型号	供电电压	运行 LoRaWAN 协议的休眠电流
S78S	3.3V	12μA
STM32L152RET6	3.3V	106μA
ATMEGA328P	3.3V	1.8μA

Arduino UNO 是一款搭载微处理器 ATMEGA328P 的 Arduino 开发板，包括 14 位输入/输出引脚、6 位模拟输入引脚、16MHz 晶体滤波器、USB 接口、直流接口、1 个 ICSP 接口、1 个复位按键。Arduino UNO 电源模块可以通过计算机的 USB 接口或者与直流电源座相连来为 Arduino UNO 开发板供电。Arduino UNO 模块示意图如图 4-1-2 所示。

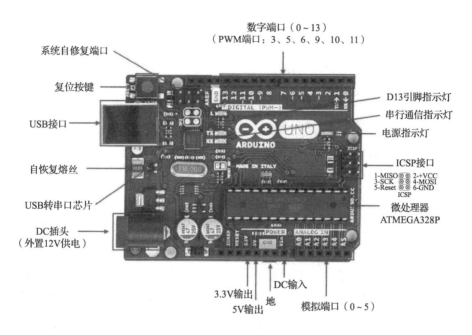

图 4-1-2　Arduino UNO 模块示意图

UART TTL(5V)串行通信在 ATMEGA328P 中被应用，Arduino UNO 上的 ATMEGA16U2 通过模拟计算机上的 USB 接口与计算机通信。Arduino IDE 提供了一个接口监视器，用来传输和接收简易的文本数据。

3）LoRa 射频模块选型

Dragino LoRa Shield 是一个支持无线 LoRa 协议的、用于 Arduino 的扩展板。Dragino LoRa Shield 由 Dragino LoRa Shield 母板和 LoRa Bee 组成。Dragino LoRa Shield 模块示意图如图 4-1-3 所示。在无线收发部分，Dragino LoRa Shield 使用 Semtech SX1278 的 LoRa 无线收发芯片，其无线传输器具有 LoRa 远程调制解调器的基本特征，提供的扩频通信具有超大范围

图 4-1-3　Dragino LoRa Shield 模块示意图

的优势及出众的抗干扰能力，同时可以将功耗降到最低，特别是在模块化及灵敏度方面拥有强大优势，基本可以解决远距离、抗干扰及功耗方面的传统设计问题。

Dragino LoRa Shield 模块的部分功能特性如下。

（1）频段：868MHz 或 433MHz。

（2）低功耗且与 Arduino Leonardo、Arduino UNO、Arduino Mega、Arduino Due 等兼容。

（3）高灵敏度：低至-148dBm。

（4）高可靠性的前端：IIP3=-11dBm。

（5）卓越的抗阻塞特性。

（6）10.3mA 的低接收电流，200nA 的寄存器保持电流。

（7）内置式位同步，用于时钟恢复。

4）LoRa 网关选型

在系统设计中，单通道网关可以选择 LG01 LoRa 网关，它连接互联网的方式十分便捷，可以选择 Wi-Fi、移动数据等连接方式进行操作。该 LoRa 网关内置开源嵌入式 OpenWrt Linux 系统，用户可以自由地配置和修改内部 Linux 设置。

LoRa 网关有 1 个 USB 主机接口、2 个以太网口，还具有 IEEE 802.11b/g/n Wi-Fi 功能。为了让 LoRa 网关能以多种方式连接不同的网络，该 LoRa 网关的巧妙和方便之处在于其 USB 接口可以连接蜂窝网络，以满足获取传感器节点数据及上传数据至服务器的需求。

LoRa 无线技术实现了低传输速率下的数据发送，并且可传输极远的距离，实现了扩频通信距离的延长和抗干扰性的增强。LoRa 网关系统如图 4-1-4 所示。

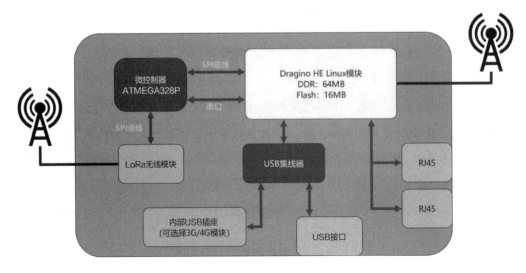

图 4-1-4　LoRa 网关系统

2．开发环境的搭建——Arduino IDE

可以从 Arduino 的官方网站下载最新的 Arduino IDE，双击即可直接安装。

在计算机上安装 Arduino IDE，打开并选择"File"→"Preferences"选项，弹出"Preferences"对话框，在"Additional Boards Manager URLs"文本框中添加 URL（统一资源定位符），如图 4-1-5 所示，单击"OK"按钮确认。

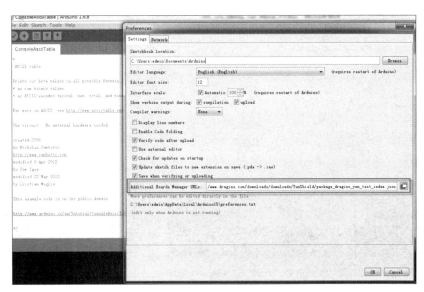

图 4-1-5　添加 URL

选择"Tools"→"Boards"→"Boards Manager"选项，弹出"Boards Manager"对话框，添加 Dragino Boards 信息，如图 4-1-6 所示。

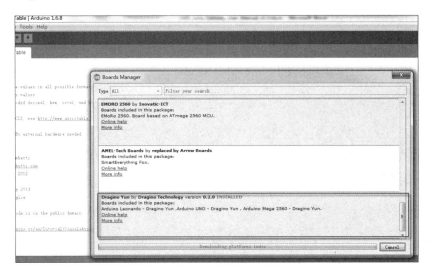

图 4-1-6　添加 Dragino Boards 信息

在 Arduino IDE 中添加 Dragino Boards 信息后，可以看到来自 IDE Board 的信息。对于 LoRa 模块，应该选择"Arduino Uno-Dragino Yun"选项，如图 4-1-7 所示。

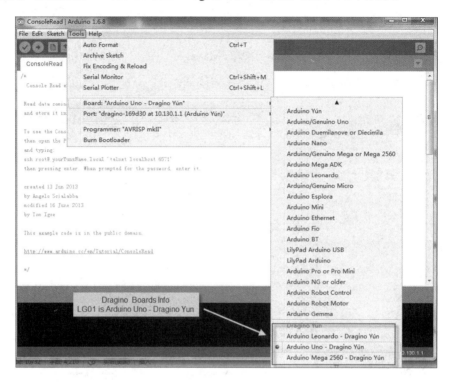

图 4-1-7　添加模块代码

3. 实验核心代码讲解

核心代码如下。

```
1.   #include <OneWire.h>
2.   #include <SPI.h>
3.
4.   #include <RH_RF95.h>
5.   #include <Console.h>
6.   RH_RF95 rf95;
7.   float frequency = 868.0;
8.
9.   OneWire  ds(3);  //连接到LG01-S
10.
11.  //产品型号：LG01
12.  #define BAUDRATE 115200
13.
14.  //如果使用Dragino Yun网络固件，那么请取消注释下面的行
15.  //#define BAUDRATE 250000
```

```
16.
17. void setup(void) {
18.    Bridge.begin(BAUDRATE);
19.
20.    //程序初始化
21.    Console.begin();
22.    if (!rf95.init())
23.      Console.println("init failed");
24.
25.    rf95.setTxPower(20);
26.    rf95.setFrequency(frequency);
27. }
28.
29. void loop(void)
30. {
31.      byte i;
32.      byte present = 0;
33.      byte type_s;
34.      byte data[12];
35.      byte addr[8];
36.      float celsius, fahrenheit;
37.      uint8_t dta[2] = {0};
38.      if ( !ds.search(addr))
39.      {
40.        Console.println("No more addresses.");
41.        Console.println();
42.        ds.reset_search();
43.        delay(2500);
44.        return;
45.      }
46.      Console.print("ROM =");
47.      for( i = 0; i < 8; i++)
48.      {
49.        Console.write(' ');
50.        Console.print(addr[i], HEX);
51.      }
52.      if (OneWire::crc8(addr, 7) != addr[7])
53.      {
54.        Console.println("CRC is not valid!");
55.        return;
56.      }
57.      Console.println();
58.      //第一个 ROM 字节
```

```
59.     switch (addr[0])
60.     {
61.       case 0x10:
62.         Console.println(" Chip = DS18S20");
63.         type_s = 1;
64.         break;
65.       case 0x28:
66.         Console.println(" Chip = DS18B20");
67.         type_s = 0;
68.         break;
69.       case 0x22:
70.         Console.println(" Chip = DS1822");
71.         type_s = 0;
72.         break;
73.       default:
74.         Console.println("Device is not a DS18x20 family device.");
75.         return;
76.     }
77.     ds.reset();
78.     ds.select(addr);
79.     ds.write(0x44,1);          //此处开始转换
80.
81.     delay(10000);       //大约需要750ms
82.
83.     present = ds.reset();
84.     ds.select(addr);
85.     ds.write(0xBE);          //读暂存存储器
86.
87.     Console.print(" Data = ");
88.     Console.print(present,HEX);
89.     Console.print(" ");
90.     for ( i = 0; i < 9; i++)
91.     {          //此处需要9字节
92.       data[i] = ds.read();
93.       Console.print(data[i], HEX);
94.       Console.print(" ");
95.     }
96.     Console.print(" CRC=");
97.     Console.print(OneWire::crc8(data, 8), HEX);
98.     Console.println();
99.
100.        //将数据转换为实际湿度
101.
```

```
102.        unsigned int raw = (data[1] << 8) | data[0];
103.        if (type_s)
104.        {
105.          raw = raw << 3; //默认为9位分辨率
106.          if (data[7] == 0x10)
107.          {
108.            //剩余计数提供完整的12位分辨率
109.            raw = (raw & 0xFFF0) + 12 - data[6];
110.          }
111.        }
112.      else
113.        {
114.          byte cfg = (data[4] & 0x60);
115.          if (cfg == 0x00) raw = raw << 3;  //9位分辨率，93.75ms
116.          else if (cfg == 0x20) raw = raw << 2; //10位分辨率，187.5ms
117.          else if (cfg == 0x40) raw = raw << 1; //11位分辨率，375ms
118.          //默认为12位分辨率，转换时间为750ms
119.        }
120.        celsius = (float)raw / 16.0;
121.        int Temperature = celsius *100;
122.        dat[0] = Temperature;
123.        dat[1] = Temperature >> 8;
124.        rf95.send(data, sizeof(data));  //发送温度数据
125.        Console.println( Temperature );
126.    //fahrenheit = celsius * 1.8 + 32.0;
127.    //Console.print("  Temperature = ");
128.    //Console.println(celsius);
129.    //Console.print(" Celsius, ");
130.    //Console.print(fahrenheit);
131.    //Console.println(" Fahrenheit");
132.        delay(500);
133.    }
```

LoRa 是 LPWAN 通信技术中的一种，SX1272、SX1276、SX1278 等 LoRa 芯片使用 CSS 技术来组建协议栈的物理层。

LoRaWAN 是一种介质访问控制层协议，专为具有单一运营商的大型公共网络而设计，它使用 Semtech 的 LoRa 技术构建，由 LoRa 联盟维护。

LoRaWAN 的网络实体分为以下 4 个部分。

（1）终端节点（End Node）：一般是各类传感器，用于数据采集、开关控制等。

（2）网关（Gateway）：LoRaWAN 网关，对收集到的节点数据进行封装、转发。

（3）网络服务器（Network Server）：主要负责上、下行数据包的完整性校验。

（4）应用服务器（Application Server）：主要负责 OTAA（Over-The-Air Activation）设备的入网激活及应用数据的加密和解密。用户从应用服务器中接收来自节点的数据，进行业务逻辑处理，通过应用服务器提供的 API 向节点发送数据。

任务二：LoRa 与云服务器通信硬件实现

职业技能目标

- 了解 HTTP、RESTful API、MQTT 协议。
- 能够通过源代码在 HTTP 中调用 RESTful API。
- 能够通过 MQTT 协议上传数据。

任务描述与需求

任务描述：任务一实现了场景搭建，本任务对需要采集的温湿度及光照度数据进行汇聚并且实现数据的存储、发送和控制。

任务需求：基于 Arduino 开发板采集传感器数据，通过源代码在 HTTP 中调用 RESTful API，以实现通过 MQTT 协议上传数据。

知识梳理

1. HTTP 与 RESTful API

前面项目的页面、数据、渲染通常在服务器端完成，最大的弊端是后期维护和扩展过于复杂，开发人员必须同时具备前端和后端知识，于是渐渐地产生了前端与后端分离的思想：后端负责数据采集，前端负责数据渲染和呈现，前端静态页面先调用指定 API 以获取有固定格式的数据，再将数据展示出来，向用户呈现的是一个"动态"的过程。

设计一个易于使用的 API 是一个难题，而 RESTful 就是用于规范 API 的约束条件和原则。

RESTful API 是一个使用 HTTP（Hyper Text Transfer Protocol，超文本传输协议）请求 GET、PUT、POST、DELETE 数据的 API。在大部分物联网服务中都使用 RESTful API 作

为传感器数据与上行平台间的数据通信方法。后面的设计将使用网关中的 Linux 端，通过 RESTful API 与云服务器通信，将传感器数据上传至云服务器或从云服务器下载命令。

在常用的 MVC（Model View Controller）结构中，前端和后端的集成仍然相对紧密。用户访问一个 URL，首先会向后端发送数据请求，然后交给动态 PHP 进行逻辑处理，使用 Web 网页端输出，用户主要使用浏览器进行访问，但是现在智能设备移动端的占比增加，此结构并不是很适用。

在大型的厂区环境设计中，多种开发语言会面临协同工作的情况。使用 RESTfuL API 作为中间接口可以对不同开发语言、微处理器的数据采集、不同架构的集中器模块、网关节点的数据进行标准化格式转换，以实现标准的接口输出。该接口为所有客户端提供 Web 服务，以此来实现前端和后端的分离。

2. MQTT 协议

下位机使用 MQTT（Message Queuing Telemetry Transport，消息队列遥测传输）协议和 JSON（JavaScript Object Notation）格式与上位机通信。MQTT 协议是为硬件性能低、网络条件差的远程设备设计的发布/订阅消息协议，是一个运行在 TCP/IP 套接字或 WebSocket 协议上的发布/订阅模型。通过 WebSocket 的 MQTT 协议可以使用 SSL（Secure Socket Layer，安全套接层）保护传输的数据。为了提供规范的、没有损耗的相互连接，MQTT 协议运行在 TCP/IP 等协议上，LoRa 终端节点为数据信息发布者，云服务器为数据信息订阅者，在物理上与云服务器程序隔离的同时，增强系统的容灾特性，接收 LoRa 终端节点的信息，并上传至接收订阅信息的服务器。

JSON 是一种轻量级的数据交换格式，便于解析和生成，使用 sprintf 函数上传 JSON 格式的数据，使用 MQTT_PUBLISH 函数为发布的信息添加主题。

MQTT 协议的优势如下。

（1）低开销。MQTT 协议的特别之处在于每个消息标题可以短至 2 字节。相比于 HTTP，MQTT 协议拥有高得多的消息开销。HTTP 为每个新请求消息重新建立 HTTP 连接，会导致不必要的开销，而 MQTT 协议使用的永久连接显著降低了这一开销。

（2）低功耗。MQTT 协议是专门针对低功耗目标而设计的，而 HTTP 并没有考虑此因素，因此增加了功耗。

（3）网络环境的调节及网络成本的节约。MQTT 协议可以适应频繁的网络中断，以应对低速率、低质量的网络。同时，经过压缩、优化后，MQTT 协议的传输规模小、开销低（固定长度的头部为 2 字节）。协议交换的最小化可以降低网络流量，进而节约网络成本。

任务实施

1. 选择云服务器

云服务器是一种简单、高效、安全、可靠的计算服务器。相比于传统的线下服务器，云服务器具有明显的优势。在成本和可扩展性上，可以按需扩展和升级云服务器的配置。以往购买的线下服务器，如果需要增加服务器的配置，只能重新购买，而且成本很高。从产品性能和管理难度来看，云服务器有一个特殊的带宽，由于与硬件资源隔离，具有多层次的数据备份和远程管理平台，传统的物理服务器管理越来越困难，产品性能可能参差不齐，很难保持相同的高水准，因此本任务选择使用云服务器来存储数据。

本任务使用的云服务器为乐为物联云服务器，它是一个迅速实现物联网应用的平台，用户可以在该平台上存储、查询和分析数据，还可以创建一个设备控制器和增加一个传感器并输入信息。并且为了实现 LoRa 与服务器的通信，乐为物联云服务器在用户组提供了API Keys。另外，在充值少量额度的点数后，若监测到的传感器数值超过设定的阈值，则乐为物联云服务器会向微信公众号或通过短信发送预警信息。乐为物联云服务器如图 4-2-1 所示。

图 4-2-1 乐为物联云服务器

2. 导入头文件 DHT 库

在 Arduino IDE 中添加 DHT 库（dht.h），源代码基本为 Arduino 官网提供的开源头文件。

部分代码如下。

```
#define DHTLIB_OK                    0
#define DHTLIB_ERROR_CHECKSUM       -1
#define DHTLIB_ERROR_TIMEOUT        -2
#define DHTLIB_ERROR_CONNECT        -3
#define DHTLIB_ERROR_ACK_L          -4
#define DHTLIB_ERROR_ACK_H          -5

#define DHTLIB_DHT11_WAKEUP          18
#define DHTLIB_DHT_WAKEUP            1

#define DHTLIB_DHT11_LEADING_ZEROS  1
#define DHTLIB_DHT_LEADING_ZEROS    6

#define DHTLIB_TIMEOUT 400 //(F_CPU/40000)
```

通过以上代码可以设置最大超时时间为 100μs，而且 DHTLIB_TIMEOUT 的循环至少需要使用 4 个时钟周期，因此最多要执行 400 个循环。设置缓冲区以接收数据的代码如下。

```
private:
    uint8_t bits[5];
int8_t _readSensor(uint8_t pin, uint8_t wakeupDelay, uint8_t leadingZeroBits);
```

3. 在 HTTP 中调用 RESTful API

首先将 LoRa 终端节点的 Arduino UNO 与光照度传感器 Risym、温湿度传感器 DHT11 连接，编写的程序包括 LoRa 终端节点从 Arduino UNO 读取传感器数据，并打包发送给 LoRa 网关的 MCU（微控制单元）部分，LoRa 网关部分获取传感器数据，并把数据发送给网关的内置 Linux 端。随后，LoRa 网关中的 Linux 部分将传感器数据以 RESTful API 格式发送至云服务器。

1）LoRa 终端节点设计

LoRa 终端节点的传输流程如图 4-2-2 所示。

该流程图充分体现了数据采集节点程序设计的思路，将温湿度传感器、光照度传感器检测和采集到的信号转换为数字信号并发送至 LoRa 网关。

设置 LoRa 频率，并且定义两个传感器与开发板引脚连接的模拟输出接口的数值，相关代码如下。

```
float frequency = 433.0;
dht DHT;
#define PIN_A 1
#define PIN_D 2
#define DHT11_PIN A0
```

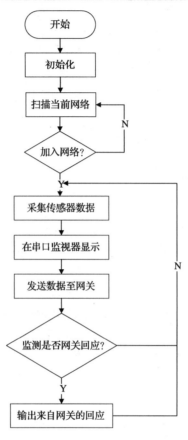

图 4-2-2　LoRa 终端节点的传输流程

对程序进行初始化，并设置波特率为 9600bps，相关代码如下。

```
void setup()
{
    Serial.begin(9600);
    Serial.println(F("Start Lewei Example"));

        if (!rf95.init())
    Serial.println(F("init failed"));

        rf95.setFrequency(frequency);
        rf95.setTxPower(13);
}
```

　　从传感器读取温度 tem、湿度 hum 及光照度 val 的数据，并且赋值，delay 函数定义两次传感器数据传输的时间间隔为 20s，相关代码如下。

```
void dhtTem()
{
    …
temperature = DHT.read11(DHT11_PIN);
    tem = DHT.temperature*1.0;
    humidity = DHT.read11(DHT11_PIN);
    hum = DHT.humidity* 1.0;
    val= analogRead(PIN_A);
    ps = val* 1.0;
val= digitalRead(PIN_D);
…
delay(2000);
}
```

　　rf95.send 函数发送数据至 LoRa 网关并等待回应，下面分情况讨论从网关接收到回应和没有接收到回应时的显示。当接收到回应时，显示"got reply from LG01:"语句，后面是从网关获取到的具体变量和相应的数值，以验证是否与发送的传感器数据一致，"Serial.print("RSSI: ");"表示在串口接收器输出传输灵敏度；当没有接收到回应时，显示"No reply, is LoRa server running?"，以提示网关与终端节点的连接是否有故障。

```
void SendData()
{
…
rf95.send((char *)datasend,sizeof(datasend));
rf95.waitPacketSent();
…
if (rf95.waitAvailableTimeout(3000))
  {
  if (rf95.recv(buf, &len))
  {

    Serial.print("got reply from LG01: ");
    Serial.println((char*)buf);
    Serial.print("RSSI: ");
    Serial.println(rf95.lastRssi(), DEC);
  }
  else
  {
```

```
      Serial.println("recv failed");
    }
  }
  else
  {
    Serial.println("No reply, is LoRa server running?");
  }
  delay(5000);
}
```

2）LoRa 网关节点设计

LoRa 网关节点的传输流程如图 4-2-3 所示。该流程图展示的是 LoRa 网关中的 Linux 部分将传感器数据以 RESTful API 格式发送至云服务器并向终端节点回应的基本流程。

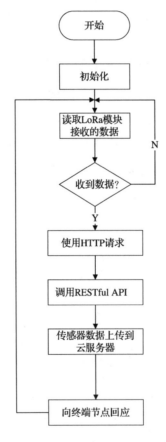

图 4-2-3　LoRa 网关节点的传输流程

部分核心代码如下。该流程定义并标明了连接云服务器的用户 userkey 和已在云服务器中设置好的控制器名称 01。LW_SENSOR_NAME 为之后要调用的传感器标识，T1 为温度传感器，H1 为湿度传感器，L1 为光照度传感器。

```
RH_RF95 rf95;
#define BAUDRATE 115200
#define userkey "userkey:6587de0c78"
#define LW_GATEWAY "01"
…
#define LW_SENSOR_NAME "T1"
#define LW_SENSOR_NAME2 "H1"
#define LW_SENSOR_NAME3 "L1"
```

通过 LoRa 无线接收从终端节点发来的传感器数据，并在串口监视器显示数据，显示值为 "got request from LoRa Node:"，相关代码如下。

```
void ReceiveData()
{
    …
if (rf95.recv(buf, &len))
{
RH_RF95::printBuffer("request: ", buf, len);
Console.print(F("got request from LoRa Node: "));
Console.println((char*)buf);
}
    …
}
```

LoRa 网关中的 Linux 部分通过调用乐为物联云服务器端的 URL API 地址将传感器数据以 RESTful API 格式上传至云服务器，相关代码如下。

```
void ReceiveData()
{
…
rf95.send(data, sizeof(data));
rf95.waitPacketSent();
Console.println(F("Sent a reply to Node and update data to IoT Server."));
String url = "http://www.lewei50.com/api/V1/gateway/UpdateSensors/";
url += LW_GATEWAY;
    …
}
```

while (!Console)表示等待控制台端口可用；read_config()用于读取下面配置的 LoRaWAN 协议的一些参数，并利用之前定义的 "rf95.send(data, sizeof(data));" 发送数据至云服务器。

```
void setup()
{
```

```
…
rf95.send(data, sizeof(data));
Bridge.begin(BAUDRATE);
while (!Console) ;
read_config();
    …
}
void read_fre() {…}
void read_SF() {…}
void read_CR(){…}
void read_SBW(){…}
void read_config()
{
rf95.send(data, sizeof(data));
read_fre();
read_SF();
read_CR();
read_SBW();
}
```

4. 通过 MQTT 协议上传数据

基本流程为 LoRa 终端节点的 Arduino 开发板从传感器接收数据并利用 LoRa 技术将数据发送至 LoRa 网关。为使网关的内置 Linux 部分可以分析环境数据，LoRa 网关的单片机和无线射频模块将从终端节点发送来的数据通过 Bridge 库发送至 Linux 部分。Linux 部分对发送来的数据进行检验，检验通过后将数据封装为 JSON 格式，并通过 MQTT 协议发送至乐为物联云服务器，至此便完成了数据的上传。

由于 LoRa 网关的 Linux 部分只有 16MB 的内存，Linux 系统使用大约 10MB 的内存，因为内存空间不足，所以无法同时兼顾两种连接方式。为了更好地区分和减少内存的占用，此次传输过程的设计只采用了温湿度传感器 DHT11 来验证调用 MQTT 协议的可行性，云服务器设置了新的传感器接口来加以区分，便于编码和调试，温湿度传感器的标识分别为 T3 和 H3。

数据采集终端节点通过传感器采集数据的流程和代码设计与网关通过调用 API 上传数据至云服务器的流程和代码设计基本一致，此处不再赘述。

输出从传感器终端节点得到的数据以进行校对，终端节点通过 LoRa 无线传输到 LoRa 网关的接收信号强度由 RSSI 显示，具体输出为 "got request from LoRa Node:"。部分代码如下。

```
void ReceiveData()
{
…
if (rf95.recv(buf, &len))
    {
        RH_RF95::printBuffer("request: ", buf, len);
        if(debug > 0){
          Console.print(F("got request from LoRa Node: "));
          Console.print((char*)buf);
          Console.print(F("RSSI: "));
          Console.println(rf95.lastRssi(), DEC);
    }
…
}
```

下面代码为发送答复的基本过程,"uint8_t data[72] = {'\0'};"表示数据的初始化,"if (buf[0] == 0x3C)"表示仅当数据以"<"开头时才进行处理。在代码块"data_pos = i+1;if (data_pos < len) data_format=true;break;data_format==false;break;"中,若字符 data_pos 的值小于 len,则判断结果为 true,表明获取到 ASCII 码,因此执行中断操作。当判断结果为 false 时,表明数据格式不匹配,直接退出进程,执行中断操作。

```
void ReceiveData()
{
…
uint8_t data[72] = {'\0'};
    char id[8] = {'\0'};
    int i;
      if (buf[0] == 0x3C)
      {
        for (i = 0; i < len; i++)
        {
          id[i]= buf[i];
          if (buf[i] == 0x3E)
          {
            data_pos = i+1;
            if (data_pos < len)
            data_format=true;
            break;
            data_format==false;
            break;
```

```
        }
      }
}
```

下面代码为配置 LoRaWAN 协议中一个参数的函数，这段代码与 read_SF()、read_CR()、void read_SBW()的相同之处在于创建了一个进程 p 来添加 LoRawan.radio 协议中的不同参数，分别为 LoRawan.radio.rx_frequency、LoRawan.radio.SF、LoRawan.radio.coderate、LoRawan.radio.BW，之后都执行 p.run();进程，作用是运行进程并等待其终止。

```
void read_fre()
{
…
Process p;
 p.begin("uci");
 p.addParameter("get");
 p.addParameter("LoRawan.radio.rx_frequency");
 p.run();
…
}
```

任务三：LoRa 与云服务器通信

职业技能目标

- 了解云服务器及其相关配置。
- 能够通过云端配置实现 LoRa 与云服务器通信。

任务描述与需求

任务描述：将某工厂采集的数据汇聚到云服务器上，并通过云服务器实现环境管理。

任务需求：通过 LoRa 与云服务器进行数据通信，测试预警提示，实现智能化管控。

任务实施

1. 硬件部分的准备

首先进行硬件配置，LoRa 终端节点将从温湿度传感器 DHT11 和光照度传感器 Risym

获取数据,这些数据将通过 LoRa 终端节点无线传输至 LoRa 网关。LoRa 终端节点如图 4-3-1 所示。

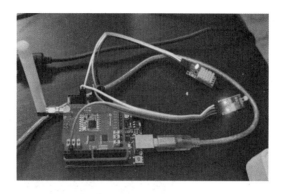

图 4-3-1 LoRa 终端节点

硬件部分示意图如图 4-3-2 所示。

图 4-3-2 硬件部分示意图

2. 网关及云服务器的配置

LoRa 网关接入互联网如图 4-3-3 所示。

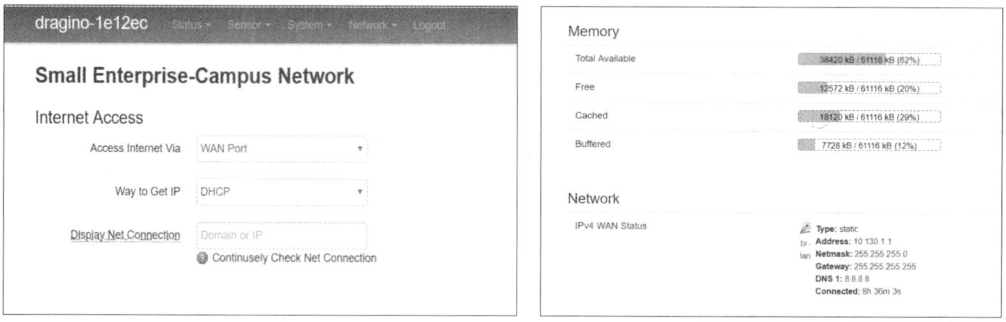

图 4-3-3 LoRa 网关接入互联网

本任务采用 LoRa 网关的 WAN 接口外接另一个路由器的 LAN 接口，通过 DHCP 获取 IP 地址。修改 RX 频率和测试互联网接入如图 4-3-4 所示。

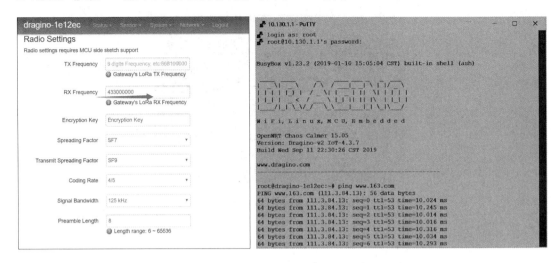

图 4-3-4　修改 RX 频率和测试互联网接入

首先，设定 LoRa 网关的频率与终端节点的 LoRa Shield 频率相同，均为 433MHz；然后，登录 SSH 控制台来连接 LoRa 网关的 Linux 端，检查 ping 通结果。

云服务器的设备配置如图 4-3-5 所示。

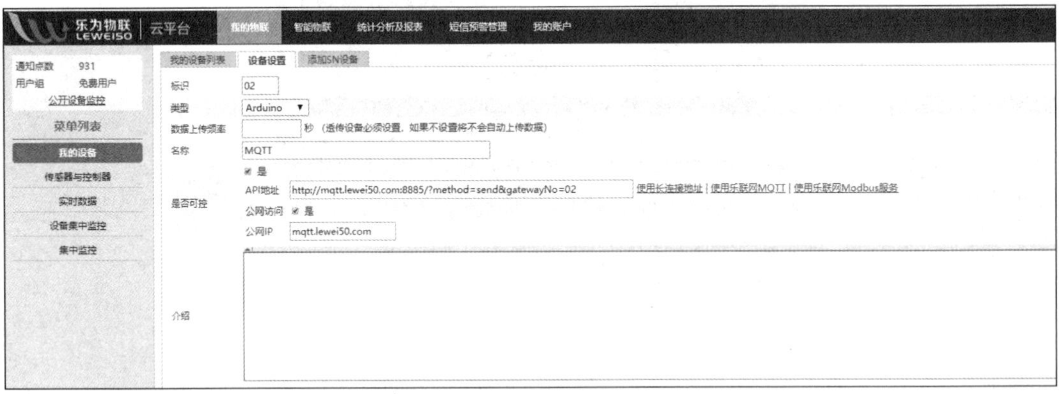

图 4-3-5　云服务器的设备配置（以 MQTT 测试的 Arduino UNO 为例）

云服务器的传感器配置如图 4-3-6 所示。

3. 通过 HTTP 接入云服务器

通过 HTTP 接入云服务器的整体流程如图 4-3-7 所示。

图 4-3-6　云服务器的传感器配置（以 HTTP 测试中的温度传感器为例）

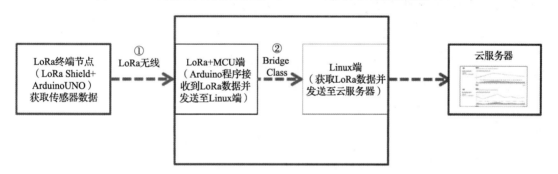

图 4-3-7　通过 HTTP 接入云服务器的整体流程

数据流及处理过程如下。

（1）LoRa 终端节点从传感器读取数据并通过 LoRa 无线发送至 LoRa 网关。

（2）LoRa 网关中的 LoRa/MCU 部分使用 LoRa 无线获取到传感器数据，并把数据发送至 Linux 端。

（3）LoRa 网关的 Linux 端将传感器数据以 RESTful API 格式发送至乐为物联云服务器。Arduino IDE 界面如图 4-3-8 所示。

首先保证计算机端和 LoRa 网关处于同一网络状态，在 Arduino IDE 中分别打开终端节点 Arduino 和 LoRa 网关的工程，在各自 MCU 中烧录对应的 ino 程序；然后选择 Arduino UNO 在 COM3（具体根据计算机设备管理器中对应的端口号确定），Dragino Yun UNO or

LG01 在网络端口 10.130.1.1。串口监视器如图 4-3-9 所示。

图 4-3-8　Arduino IDE 界面

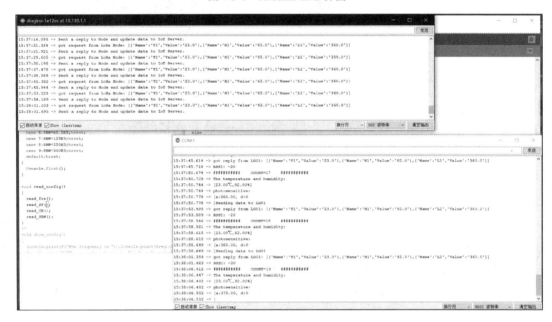

图 4-3-9　串口监视器

　　打开串口监视器，查看 LoRa 终端节点和 LoRa 网关间的数据发送情况，并且显示云服务器上的提示："Sent a reply to Node and update data to IoT Server"。在云服务器上查看 API 连接下的温度、湿度及光照度数据，如图 4-3-10 所示。

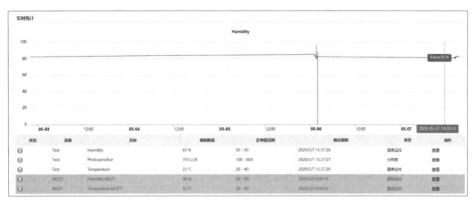

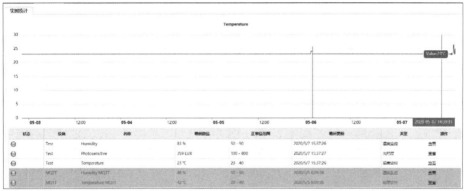

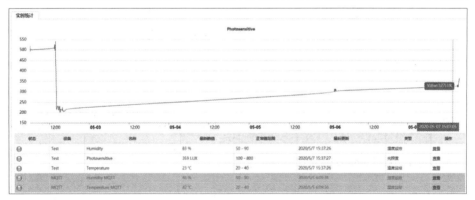

图 4-3-10　在云服务器上查看 API 连接下的温度、湿度及光照度数据

4．通过 MQTT 协议接入云服务器

数据流及处理过程如下。

（1）LoRa 终端节点将从传感器获取到的数据通过 LoRa 无线发送至 LoRa 网关。

（2）LoRa 网关中的 LoRa/MCU 部分可以获取到传感器数据，并通过 LoRa 无线将数据发送至 Linux 端。

（3）LoRa 网关的 Linux 端通过 MQTT 协议将传感器数据上传至乐为物联云服务器。

LoRa 网关配置 MQTT 功能如图 4-3-11 所示。

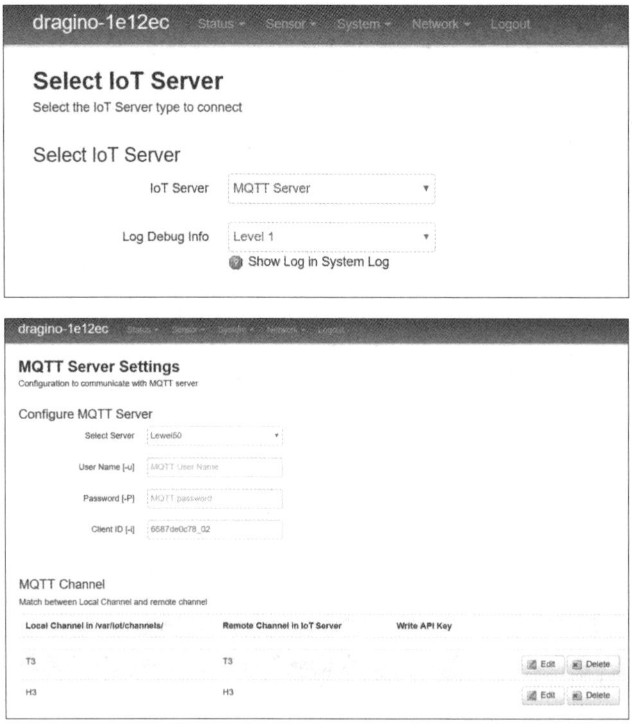

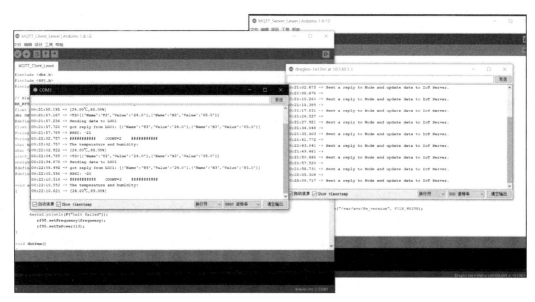

图 4-3-11　LoRa 网关配置 MQTT 功能

串口监视器及 Arduino IDE 界面如图 4-3-12 所示。

图 4-3-12　串口监视器及 Arduino IDE 界面

打开串口监视器，COM3 端可以采集到从 LoRa 终端节点发送至 LoRa 网关的数据，并收到网关的回复，10.130.1.1 网关端可以采集到从 LoRa 终端节点发送至 LoRa 网关的数据，并通过 MQTT 协议发送至云服务器上。在云服务器上查看 MQTT 协议连接下的温湿度数据，如图 4-3-13 所示。

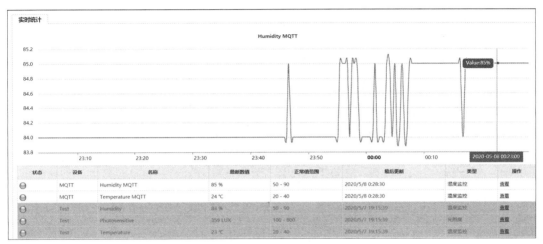

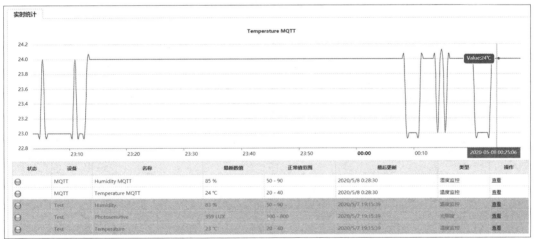

图 4-3-13　在云服务器上查看 MQTT 协议连接下的温湿度数据

5. 预警提示功能测试

如果当前监测的传感器数值超过设定的阈值，那么乐为物联云服务器便通过微信公众号平台向绑定的微信账户发送预警信息，也可以以短信方式向指定联系人发送预警信息，方便工作人员及时查看并处理。预警提示功能效果如图 4-3-14 所示。

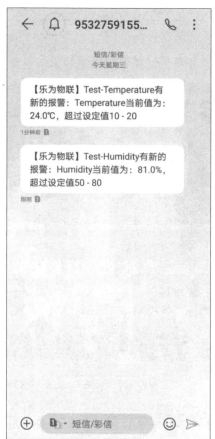

图 4-3-14　预警提示功能效果

基于蓝牙 4.0 的温度计系统

近年来，随着物联网、人工智能等技术的快速发展，以智能可穿戴设备为代表的数字健康产业备受关注。与此同时，我国老龄化进程加快，人民群众的养生需求与日俱增，智能可穿戴设备在医疗健康领域的应用场景也日趋丰富，本项目将实现人体温度信息的实时采集。

任务一：建立蓝牙 4.0 硬件环境

职业技能目标

- 能够搭建 BLE（Bluetooth Low Energy，低功耗蓝牙）协议栈的开发环境并完成工程建立、配置、调试与下载。
- 能够根据应用需求修改 BLE 协议栈，组建 BLE 通信网络。

任务描述与需求

本任务要求设计一个 BLE 技术的温度监测仪，并建立 BLE 通信网络，完成外设与集中器的设备发现、请求连接、建立连接和终止连接等操作。

知识梳理

1. 蓝牙初探

1）蓝牙的定义

蓝牙是爱立信（Ericsson）、诺基亚（Nokia）、东芝（Toshiba）、国际商业机器公司（IBM）和英特尔（Intel）5 家公司于 1998 年 5 月联合发布的一种无线通信新技术，它以低成本的近距离无线连接为基础，可实现固定设备、移动设备之间的数据交换。

蓝牙技术主要包含两种技术：基本速率（Basic Rate，BR）和低功耗（Low Energy，LE），它们之间是不能互相通信的。Basic Rate 是传统蓝牙技术，包括可选的增强数据速率（Enhanced Data Rate，EDR）技术，以及交替使用的 MAC 层和 PHY 层扩展（简称 AMP）。

2）蓝牙系统的组成

根据蓝牙核心规范，蓝牙系统的组成如图 5-1-1 所示。

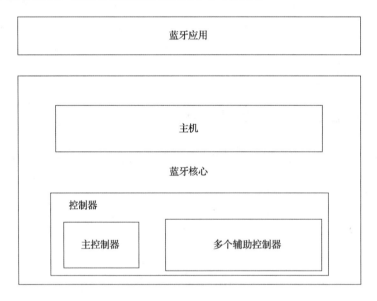

图 5-1-1　蓝牙系统的组成

图 5-1-1 所示的蓝牙应用、蓝牙核心、主机、主控制器等都是逻辑实体（相对于物理实体而言）。

蓝牙协议由蓝牙核心协议和蓝牙应用层协议构成。前者关注蓝牙核心技术的描述和规范，后者则在前者的基础上，根据具体的需求制定各种策略。

蓝牙核心由两部分构成，分别是主机和控制器。控制器包括主控制器和多个辅助控制器，负责定义射频、基带等硬件规范，并在此基础上抽象出通信的逻辑链路（Logical Link）。主机则在逻辑链路的基础上封装蓝牙技术的细节，以便实现蓝牙的应用、开发。在一个蓝牙系统中，蓝牙核心只能有一个主机，但可以存在一个或多个控制器。

3）蓝牙技术的演练历程

目前，蓝牙共发布了 11 个版本：1.1、1.2、2.0、2.1、3.0、4.0、4.1、4.2、5.0、5.1、5.2。下面介绍蓝牙技术在演进历程中的重要版本。

（1）蓝牙 1.1 和 1.2。

蓝牙 1.1 是最早期的版本，数据传输速率为 1Mbit/s，实际数据传输速率约为 0.748Mbit/s～0.81Mbit/s，该版本容易受到同频率产品的干扰，影响通信质量。蓝牙 1.2 的数据传输速率与蓝牙 1.1 的相同，增加了自适应（AFH）抗干扰跳频功能，同时加入了 ESCO 技术，提高了通话语音质量。

（2）蓝牙 2.1+EDR。

蓝牙 2.1+EDR 是蓝牙发展进程中的一个里程碑，它大幅提高了数据传输速率，可达 2.1Mbit/s，还可充分利用带宽优势同时连接多个蓝牙设备。另外，它通过添加低耗电监听模式极大降低了功耗。

（3）蓝牙 3.0+HS。

蓝牙 3.0+HS 相比于前面的版本变动较大，数据传输速率得到了极大提高。通过集成 "802.11 PAL"（协议适应层），蓝牙 3.0 的数据传输速率提高到了 24Mbit/s，可通过 Wi-Fi 实现高速数据传输，可用于数码摄像机与高清电视、计算机与播放器、计算机与打印机之间的资料传输。

（4）蓝牙 4.x+LE。

由于 WLAN 的兴起，蓝牙 3.0 的高速数据传输未得到广泛应用，蓝牙技术联盟将目光转向低功耗网络，蓝牙 4.0 标准于 2010 年 7 月 7 日正式发布，新版本的最大亮点在于低功耗和低成本。

蓝牙 4.1 于 2013 年 12 月 6 日发布，引入了 BR/EDR 安全连接，进一步提高了蓝牙的安全性。此外，针对蓝牙 4.0 中的一些问题，蓝牙 4.1 在低功耗方面进一步增强，引入了 LE 双模技术和 LE 隐私等多项新技术，进一步提高了 BLE 的便利性。

蓝牙 4.2 于 2014 年 12 月 4 日发布，不仅提高了数据传输速率和隐私保护程度，而且使设备可直接通过 IPv6 和 6LoWPAN（IPv6 over IEEE 802.15.4）接入互联网。

（5）蓝牙 5.0。

蓝牙 5.0 于 2016 年 6 月由蓝牙技术联盟发布，相比蓝牙 4.2，数据传输速率更高，通信距离更远，广播数据容量更大。另外，蓝牙 5.0 无须配对就能接收信标的数据，如广告、Beacon、位置信息等。蓝牙 5.0 还针对物联网进行了底层优化，力求以更低的功耗和更高的性能为智能家居服务。

2．BLE

1）BLE 概述

自蓝牙 4.0 开始，蓝牙标准进入低功耗时代。蓝牙 4.0 将传统蓝牙、高速蓝牙和 BLE 这三种规范合而为一，它们可以组合或者单独使用。蓝牙 4.0 的核心是 BLE。BLE 技术的最大特点是拥有超低的运行功耗和待机功耗，BLE 设备使用一粒纽扣电池可以连续工作数年之久。BLE 技术还拥有低成本、向下兼容、跨厂商互相兼容、快速启动、3ms 快速连接、100m 以上超长传输距离、AES-128 安全加密等诸多特点，可应用于对成本和功耗都有严格要求的无线方案，广泛用于医疗保健、体育健身、家庭娱乐、传感器物联网等众多领域。

下面主要讨论 BLE 技术，并基于 BLE 协议栈建立项目工程。

2）BLE 技术的特点

BLE 技术具有如下特点。

（1）可靠性高。

对于无线通信而言，由于电磁波在传输过程中容易受到很多因素的干扰，如障碍物、天气状况等。因此，无线通信系统在数据传输过程中具有内在的不可靠性。

蓝牙技术联盟在制定蓝牙 4.0 规范时已经考虑了数据传输过程中的内在不确定性，所以在射频、基带协议、链路管理协议（LMP）中采用了可靠性措施，包括差错检测和校正、数据编码和解码、差错控制、数据加噪等，极大地提高了蓝牙无线数据传输的可靠性。另外，蓝牙 4.0 使用自适应跳频技术，最大限度地减少了和其他 2.4GHz ISM 频段无线电波的串扰。

（2）成本低、功耗低。

BLE 技术支持两种部署方式：双模方式和单模方式。

对于双模方式，BLE 功能集成在现有的经典蓝牙控制器中，或在现有经典蓝牙技术（2.1+EDR/3.0+HS）芯片上增加低功耗堆栈，整体架构基本不变，因此在产品设计上成本增加有限。

对于单模方式，面向高度集成、紧凑的设备，使用一个轻量级连接层、提供超低功耗的待机模式操作。BLE 技术可以应用于 8 位 MCU，目前 TI 公司推出的兼容 BLE 协议的片上系统芯片 CC2540/CC2541 通过外接 PCB 天线和阻容器件构成的滤波电路即可实现蓝牙网络节点的构建。

传统蓝牙技术采用 16～32 个频道进行广播，因此传统蓝牙设备的待机耗电量大。BLE 技术仅使用 3 个广播通道，且每次广播时射频的开启时间也由传统的 22.5ms 减少至 0.6～1.2ms，上述协议规范的两个改变大幅降低了由广播数据导致的待机功耗。

BLE 技术用深度睡眠状态替换传统蓝牙的空闲状态，在深度睡眠状态下，主机长时间处于超低的负载循环（Duty Cycle）状态，只在需要运作时由控制器来启动，由于主机比控制器消耗的能源多，因此这样的设计也节省了更多的能源。

（3）快速启动、瞬间连接。

传统蓝牙技术的启动速度慢，蓝牙 2.1 的启动连接需要 6s，而蓝牙 4.0 仅需 3ms 即可完成连接。

（4）传输距离远。

传统蓝牙的传输距离为 2～10m，而蓝牙 4.0 的有效传输距离可达到 60～100m，传输距离的延长极大地开拓了蓝牙技术的应用前景。当然，上述距离数值是在理想状态下的数值，实际使用过程中存在各种因素的影响，如空气湿度、其他电磁信号干扰等，通过抗干扰等处理可以提高实际传输距离。

任务实施

1. 硬件选型及环境搭建

本项目实现基于蓝牙 4.0 的温度计系统的设计，通过蓝牙传输采集到的温度数据，在应用开发之前可以根据应用需求进行硬件选型。

1）CC2541 模块介绍

蓝牙 4.0 模块采用的 CC2541 是一款针对低功耗及私有 2.4GHz 频段应用的功率优化的

真正片上系统解决方案，它能够以非常低的材料成本建立强健的网络节点。

CC2541 结合了射频收发器的出色性能、业界标准的增强型 8051 MCU、系统内可编程闪存、8KB RAM 及很多其他强大功能器件。

CC2541 提供了以下多种外设，允许用户开发先进的应用。

（1）21 个通用 I/O 引脚；

（2）闪存控制器；

（3）5 个通道的 DMA 控制器；

（4）6 个通用定时器；

（5）2 个串口；

（6）1 个随机数发生器。

温度模块采用常用的数字温度传感器 DS18B20，其输出的是数字信号，具有体积小、硬件开销低、抗干扰能力强、精度高的特点。DS18B20 接线方便，封装后可应用于多种场合，如管道式、螺纹式、磁铁吸附式、不锈钢封装式，型号多种多样。

DS18B20 主要根据应用场合而改变其外观，封装后的 DS18B20 可用于电缆沟测温、高炉水循环测温、锅炉测温、机房测温、农业大棚测温、洁净室测温、弹药库测温等各种非极限温度场合。因为 DS18B20 耐磨、体积小、使用方便、封装形式多样，所以适用于各种狭小空间设备的数字测温和控制领域。

2）开发环境搭建

CC2541 和 CC2530 采用的开发环境都为 IAR Embedded Workbench for 8051，具体开发环境搭建可以参考项目二的任务一。

2. BLE 协议栈的软件包

BLE 协议栈有很多版本，本任务根据应用需求及硬件选型方案，选用 TI 公司提供的 BLE 协议栈，版本号为 1.3.2，安装包名为 BLE-CC254x-1.3.2。

1）BLE 协议栈软件包的文件结构

从 TI 官方网站下载蓝牙安装包 BLE-CC254x-1.3.2 后，双击即可进行安装，默认安装路径是 "C:\Texas Instruments\BLE-CC254x-1.3.2"，BLE 协议栈工程文件如图 5-1-2 所示，BLE 协议栈软件包的文件结构如图 5-1-3 所示。

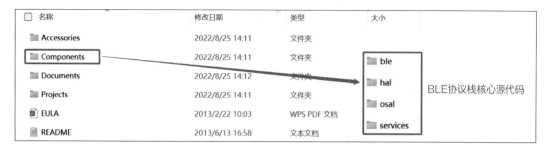

图 5-1-2　BLE 协议栈工程文件

```
E:\BLE-CC254x-1.3
├─Accessories//附件
│    ├─Drivers//USB驱动
│    └─HexFiles//Hex文件
├─Components//组件
│    ├─ble
│    ├─hal
│    ├─osal
│    └─services
├─Documents//说明文档
│    ├─GAPBondManagerhtml
│    ├─GAPCentralhtml
│    ├─GATTServApphtml
│    ├─hal
│    ├─osal
│    └─SMhtml
└─Projects//工程文件
     ├─ble
     │    ├─BloodPressure
     │    ├─common
     │    ├─config
     │    ├─GlucoseCollector
     │    ├─GlucoseSensor
     │    ├─HeartRate
     │    ├─HIDEmuKbd
     │    ├─HostTestApp
     │    ├─Include
     │    ├─KeyFob
     │    ├─Libraries
     │    ├─OADManager
     │    ├─Profiles
     │    ├─SensorTag
     │    ├─SimpleBLEBroadcaster
     │    ├─SimpleBLECentral
     │    ├─SimpleBLEObserver
     │    ├─SimpleBLEPeripheral
     │    ├─Thermometer
     │    ├─TimeApp
     │    └─util
     └─BTool
```

图 5-1-3　BLE 协议栈软件包的文件结构

BLE 协议栈软件包的各文件夹内容如下。

（1）Accessories：附件，如 USB 驱动、Hex 文件。

（2）Components：组件，此文件夹下有 4 个二级文件夹，"ble"存储协议栈源代码，"hal"存储硬件驱动，"osal"存储操作系统抽象层源代码、"services"存储系统服务的相关文件。

（3）Documents：说明文档，如协议栈 API、示例工程说明文档等。

（4）Projects：工程文件。

2）协议栈示例工程的结构分析

图 5-1-3 中的"Projects/ble"文件夹中可以看到多个示例工程。有些工程涉及传感器的实际应用，如 BloodPressure、HeartRate、HIDEmuKbd 等；有些工程涉及蓝牙系统的角色，如 SimpleBLEBroadcaster（广播者）、SimpleBLECentral（集中器）、SimpleBLEObserver（观察者）和 SimpleBLEPeripheral（外设）。

下面以 SimpleBLEPeripheral 示例工程为例，分析工程结构。

在路径"C:\Texas Instruments\BLE-CC254x-1.3.2\Projects\ble\SimpleBLEPeripheral\CC2541DB"下双击"SimpleBLEPeripheral. eww"，系统将自动使用 IAR Embedded Workbench 软件打开该示例工程（见图 5-1-4）。

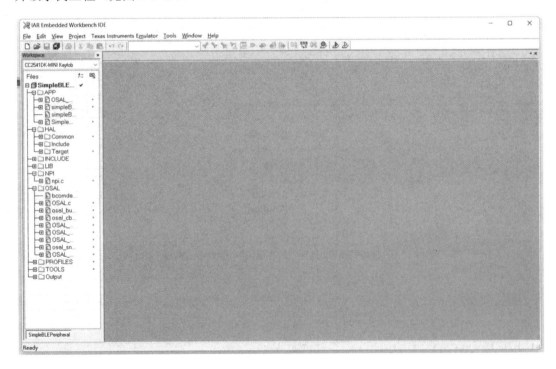

图 5-1-4　示例工程

工程文件夹的分组情况如下。

（1）APP：包含应用程序源代码和头文件。

（2）HAL：包含硬件抽象层源代码和头文件。

（3）INCLUDE：包含所有的 BLE 协议栈 API 的头文件。

（4）LIB：包含协议栈库文件。

（5）NPI：包含网络处理器接口文件。

（6）OSAL：包含操作系统抽象层源代码和头文件。

（7）PROFILES：包含 GAP 角色、GAP 安全、GATT 的源代码和头文件。

（8）TOOLS：包含 buildConfig.cfg、buildComponents.cfg、OnBoard.c 和 OnBoard.h，用于处理用户接口。

（9）Output：IAR 集成开发环境编译输出的结果。

3．任务实施：实现协议栈串口收发功能

本任务中的代码编写较少，以浏览文件的形式完成任务。

第一步：按照路径"C:\Texas Instruments\BLE-CC254x-1.3.2\Projects\ble\SimpleBLEPeripheral\CC2540DB"打开 SimpleBLEPeripheral.eww 工程。本任务基于协议栈的 SimpleBLEPeripheral 工程进行。打开工程后，选择"CC2540"选项，协议栈工程文件如图 5-1-5 所示。

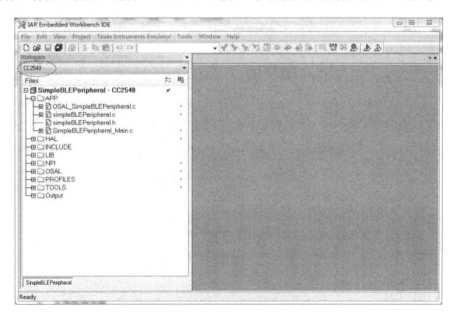

图 5-1-5　协议栈工程文件

第二步：串口初始化。在最新的 BLE 协议栈中添加了 NPI 接口，所以可以直接利用该接口进行串口的操作。在 NPI 文件夹下找到 npi.c 文件（见图 5-1-6）。

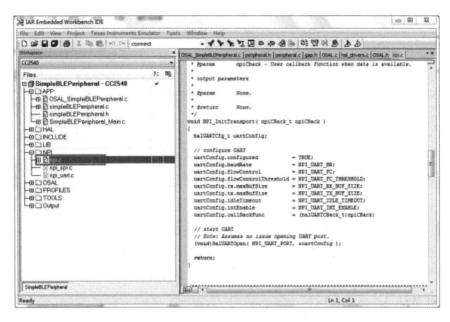

图 5-1-6　npi.c 文件

下面添加串口初始化函数，串口初始化其实就是配置串口号、波特率、流控、校验位等，具体代码如下。

```
1.   void NPI_InitTransport( npiCBack_t npiCBack )
2.   {
3.  halUARTCfg_t uartConfig;
4.
5.  //配置 UART 初始化
6.  uartConfig.configured = TRUE;
7.  uartConfig.baudRate = NPI_UART_BR;
8.  uartConfig.flowControl = NPI_UART_FC;
9.  uartConfig.flowControlThreshold = NPI_UART_FC_THRESHOLD;
10. uartConfig.rx.maxBufSize = NPI_UART_RX_BUF_SIZE;
11. uartConfig.tx.maxBufSize = NPI_UART_TX_BUF_SIZE;
12. uartConfig.idleTimeout = NPI_UART_IDLE_TIMEOUT;
13. uartConfig.intEnable = NPI_UART_INT_ENABLE;
14. uartConfig.callBackFunc = (halUARTCBack_t)npiCBack;  //配置串口调用函数
15.
16. //开始串口
17. //注意：假设打开 UART 串口没有问题
18. (void)HalUARTOpen( NPI_UART_PORT, &uartConfig );  //该函数将 halUARTCfg_t
```

类型的结构体变量作为参数，而结构体变量 halUARTCfg_t 包含了串口初始化相关的参数

```
19.
20. return;
21. }
```

上面代码的第 7 行中，uartConfig.baudRate 将波特率配置为 NPI_UART_BR，通过 NPI_UART_BR 可查看具体的波特率，如下面代码的第 21 行所示。

上面代码的第 8 行中，uartConfig.flowControl 用于配置流控，这里选择"关闭"，如下面代码的第 11 行所示。

```
1.  /* UART 串口 */
2.  #if !defined NPI_UART_PORT
3.  #if ((defined HAL_UART_SPI) && (HAL_UART_SPI != 0))
4.  #define NPI_UART_PORT              HAL_UART_PORT_1
5.  #else
6.  #define NPI_UART_PORT              HAL_UART_PORT_0
7.  #endif
8.  #endif
9.
10. #if !defined( NPI_UART_FC )
11. #define NPI_UART_FC                FALSE
12. #endif //!NPI_UART_FC
13.
14. #define NPI_UART_FC_THRESHOLD      48
15. #define NPI_UART_RX_BUF_SIZE       128
16. #define NPI_UART_TX_BUF_SIZE       128
17. #define NPI_UART_IDLE_TIMEOUT      6
18. #define NPI_UART_INT_ENABLE        TRUE
19.
20. #if !defined( NPI_UART_BR )
21. #define NPI_UART_BR                HAL_UART_BR_115200
22. #endif //!NPI_UART_BR
```

配置串口初始化函数后还要修改预编译选项。选择"Category"列表框中的"C/C++ Compiler"，在"Preprocessor"选项卡下方的列表框中可看到以下选项：INT_HEAP_LEN=3072、HALNODEBUG、OSAL_CBTIMER_NUM_TASKS=1、HAL_AES_DMA=TRUE、HAL_DMA=TRUE、POWER_SAVING、xPLUS_BROADCASTER、HAL_LCD=TRUE、HAL_LED=TRUE，添加 HAL_UART=TRUE，并注释掉 POWER_SAVING（修改为 xPOWER_SAVING），否则不能使用串口，编译编辑选项如图 5-1-7 所示。

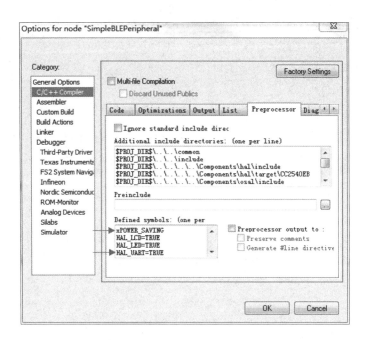

图 5-1-7　编译编辑选项

下面初始化用户任务，可以在 simpleBLEPeripheral.c 文件的初始化函数 void SimpleBLEPeripheral_Init(uint8 task_id)中添加 NPI_InitTransport(NULL)，如图 5-1-8 所示。

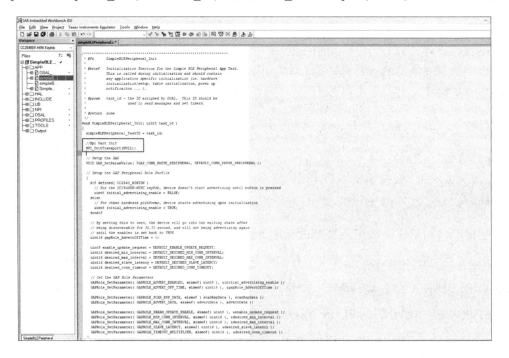

图 5-1-8　添加 NPI_InitTransport(NULL)

第三步：串口发送。经过前面的操作，串口已经可以发送信息了。在初始化代码的后面加入一条上电提示"Hello World"，具体代码为 NPI_WriteTransport("Hello World\n",12); //
（串口 0，'字符'，字符个数），如图 5-1-9 所示。

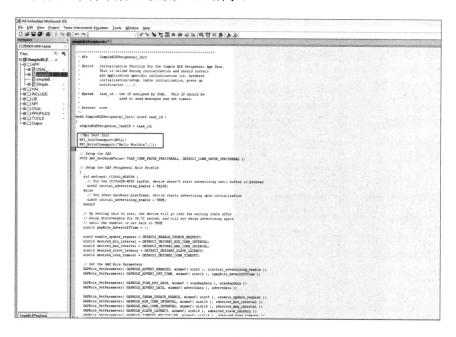

图 5-1-9　串口发送

因为调用了 npi.h 中的函数，所以需要在 SimpleBLEPeripheral.c 文件中加入头文件语句
（#include "npi.h"），如图 5-1-10 所示。

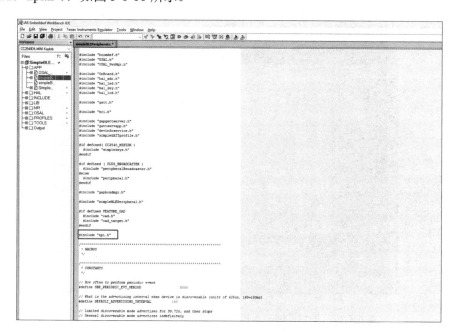

图 5-1-10　添加头文件语句

第四步：运行调试。对程序进行编译，编译完成如图 5-1-11 所示，接下来单击下载程序按钮即可将程序下载到蓝牙开发板中，单击"全速运行"按钮。

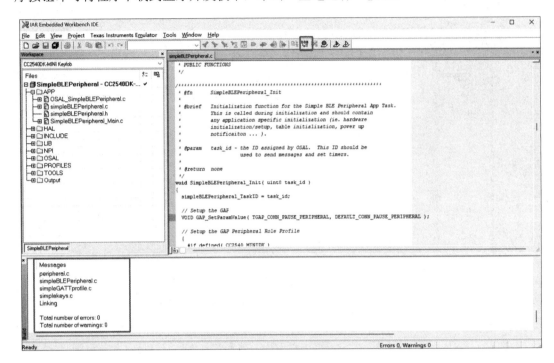

图 5-1-11 编译完成

将 USB 转串口线连接到蓝牙开发板上，打开串口调试助手可以看到串口调试助手接收到 CC2540 模块发送来的信息，如图 5-1-12 所示。

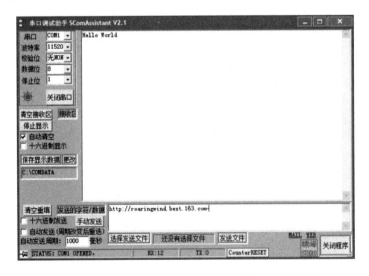

图 5-1-12 串口调试助手接收到 CC2540 模块发送来的信息

至此可通过调用 NPI_WriteTransport(uint8 *, uint16)实现串口发送功能。本任务浏览了 BLE 协议栈，并通过 BLE 协议栈完成了串口的调用和发送功能，为项目实施进行知识的补充和完善。

任务二：设计蓝牙无线控制功能

职业技能目标

- 了解 BLE 协议栈及其工作模式。
- 能够根据应用需求读写特征值，完成相应的控制要求。

任务描述与需求

本任务要求实现蓝牙温度计的异常温度报警，并通过集中器控制报警器的开关。

知识梳理

1. BLE 标准的主机与从机建立连接的过程

BLE 标准的主机与从机建立连接的过程如图 5-2-1 所示。

1）外设"发送广播"

外设上电后进入"发送广播"状态，等待被扫描。

2）集中器发送"扫描请求"信息

集中器上电后进入"发现设备"状态，发送"扫描请求"信息，扫描正在发送广播的外设。

3）外设回复"扫描响应"信息

外设接收到"扫描请求"信息后，判断两者通用访问配置文件服务的 UUID（Universally Unique Identifier，通用唯一识别码），若匹配则回复"扫描响应"信息。

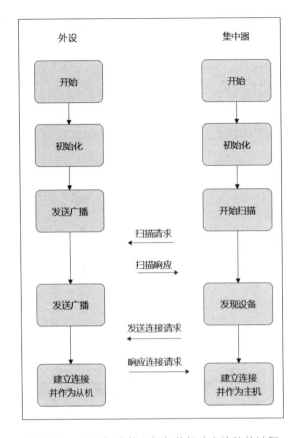

图 5-2-1 BLE 标准的主机与从机建立连接的过程

4）建立连接

集中器首先向外设发送连接请求，外设响应连接请求，然后两个设备进入"连接"状态。此时，外设将作为从机，而集中器将作为主机。

2. BLE 协议栈架构

BLE 协议栈采用分层的思想进行设计，BLE 协议栈架构如图 5-2-2 所示。

从图 5-2-2 中可以看到，控制器部分主要包括物理层、链路层、主机控制器接口（Host Controller Interface，HCI）层。主机部分包括通用访问配置文件（Generic Access Profile，GAP）层、逻辑链路控制及自适应协议（Logical Link Control and Adaption Protocol，L2CAP）层、安全管理（Security Management，SM）层、属性协议（Attribute Protocol，ATT）层、通用属性配置文件（Generic Attribute Profile，GATT）层。

对于应用层而言，BLE 的软件平台支持两种不同的应用开发配置。

一是单一设备配置，即控制器、主机、应用程序和配置文件都在一个蓝牙片上系统中实现。这种实现方式最常见，也最简单，而且功耗与成本较低。

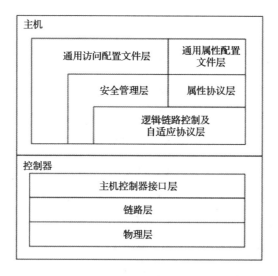

图 5-2-2　BLE 协议栈架构

二是网络处理器配置，即控制器和主机在蓝牙片上系统中实现，而应用程序和配置文件通过特定的 HCI 命令与蓝牙控制器进行通信，这一过程需要使用 UART、SPI 或 USB 虚拟串口等通信接口。

物理层规定了通信介质和物理信道（Physical Channel），BLE 的通信介质是一定频率范围的频带资源，BLE 使用免费的 ISM 频段（频率范围为 2.4000GHz～2.4835GHz）。整个频段被分为 40 个信道，每个信道的带宽为 2MHz。

链路层用于控制设备的射频状态，BLE 协议栈在链路层可以抽象出 5 种设备状态：等待、广播、扫描、初始化、连接。

如果主机和控制器分别是由两个蓝牙片上系统中实现的，那么 HCI 层为主机和控制器之间提供标准的通信接口，如 UART、SPI、USB。

GAP 层负责处理设备的访问模式，如设备发现、建立连接、终止连接、初始化安全特色、设备配置。

L2CAP 层为上层应用提供数据封装服务，允许通道的多路复用（逻辑上的点对点数据通信）。

SM 层负责 BLE 通信中与信息安全相关的内容，如配对、认证和加密等过程。

ATT 层将采集的信息以属性的形式抽象出来，并提供相应的方法供远端设备读取、修改属性值。

GATT 层规定了配置文件的结构。

3. BLE 协议深度介绍

GATT 层旨在设计应用程序在两个连接设备之间的数据通信，即与用户直接打交道，那么从 GATT 层的角度看，通常在设备连接后，它都会充当以下两种角色中的一个。

（1）GATT 客户端——从 GATT 服务器读/写数据的设备。

（2）GATT 服务器——包含客户端需要读/写数据的设备。

此处的 GATT 客户端和 GATT 服务器的角色完全独立于 BLE 链路层的从机和主机的角色。一个从机可以是 GATT 客户端或 GATT 服务器，一个主机同样可以是 GATT 客户端或 GATT 服务器。一个 GATT 服务器可以由多个完成一个特定功能的 GATT 服务器组成。在 SimpleBLECentral 应用程序中有以下三个 GATT 服务。

（1）Mandatory GAP Service 包含设备和访问信息，如设备名称、供应商、产品标识。

（2）Mandatory GATT Service 包含有关服务器，是 BLE 协议栈的一部分，这个服务包含有关服务 UUID 相关信息。

（3）SimpleGATTProfile Service 是一个示例配置文件，用于测试和演示。

为了更容易地保持蓝牙设备之间的兼容，蓝牙规范中的 Profile 定义了设备如何实现连接或者应用，这里可以把 Profile 理解为连接层或者应用层协议。蓝牙的一个很重要特性就是所有的蓝牙产品都无须实现全部的蓝牙规范，用户可根据需要自行实现相应的 Profile，不必带来更大开销。这就是说当需要利用蓝牙实现数据传输功能时就必须建立对应的 Profile，TI 的 BLE 协议栈提供了部分 Profile，包括非标准的 Profile。

非标准的 Profile 有 SimpleGATTProfile 和 SimpleKeyProfile，下面将通过 Profile 的实验介绍其特性和使用。

每个 Profile 初始化其响应的服务和内部寄存器。GATT 服务器将整个服务添加到属性表中，并为每个属性分配唯一的句柄（Handle）。GATT Profile 用于存储和处理 GATT 服务器中的数据。

下面使用的都是新建的 Profile，即非标准的 Profile，特征值定义如表 5-2-1 所示，从机程序流程图如图 5-2-3 所示，主机程序流程图如图 5-2-4 所示。

表 5-2-1　特征值定义

特征值	长度/字节	属性	属性句柄	属性类型（UUID）
CHAR1	1	可读可写	0x0025	FFF1
CHAR2	1	只读	0x0028	FFF2

特征值	长度/字节	属性	属性句柄	属性类型（UUID）
CHAR3	1	只写	0x002B	FFF3
CHAR4	1	不能直接读/写，通过通知发送	0x002E	FFF4
CHAR5	5	只读（加密时）	0x0032	FFF5

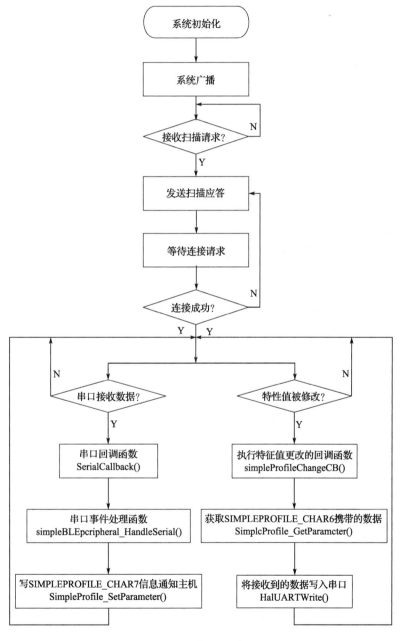

图 5-2-3　从机程序流程图

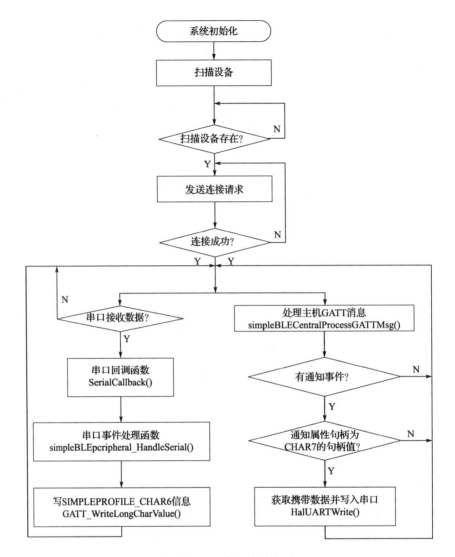

图 5-2-4　主机程序流程图

任务实施

1. 任务目的

本任务采用蓝牙 4.0 模块+继电器模块实现无线控制，实际上通过蓝牙控制继电器的通断来实现报警装置的开关控制。将模块、计算机或手机作为主机，连接从机，主机通过按键 S1 发送数据给从机。从机接收到信息后执行控制继电器指令，从而控制报警灯。整个过程在 BLE 协议栈（BLE-CC254x-1.3.2）中进行。

2. 任务原理

继电器（Relay）是当输入量（激励量）的变化达到规定要求时在电气输出电路中使被控量发生预定阶跃变化的一种电器。它具有控制系统（又称为输入回路）和被控制系统（又称为输出回路）之间的互动关系，通常用于自动化的控制电路中。继电器实际上是用小电流去控制大电流运作的一种"自动开关"，故在电路中起着自动调节、安全保护、转换电路等作用。

本任务中使用的继电器硬件原理如图 5-2-5 所示。

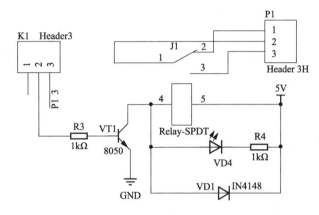

图 5-2-5　继电器硬件原理

3. 核心代码

第一步：打开 SimpleBLEPeripheral.eww 工程，在 SimpleBLEPeripheral_Init 初始化函数中添加继电器 P0_7 的初始化代码，这里设置为输出。

```
1.    //初始化报警控制使用的 GPIO 引脚，由于使用的 GPIO 可能会被系统占用，所以在系统运行后，
      强行将该 GPIO 设置为输出控制
2.    //这里使用 P0_7，继电器低电平触发，因此初始化输出为高电平
3.    P0_7 = 1;  //防止继电器跳变，初始化为高电平
4.    P0DIR |= BV(7);  //设置为输出
5.    P0SEL &=~BV(7);  //设置为普通 GPIO
```

如果从机接收到主机的信息，那么 CHAR1 值改变，即改变连接继电器电路的 I/O 端口状态。

```
1.    uint8 newValue;
2.
3.    switch( paramID )
4.    {
```

```
5.        case SIMPLEPROFILE_CHAR1:
6.        SimpleProfile_GetParameter( SIMPLEPROFILE_CHAR1, &newValue );
7.  //这里是 CHAR1 的数据接收,即接收主机通过 writechar 向 UUID 为 FFF1 的设备发送的数据
8.        //定义简单的控制命令
9.        //点亮报警: 0x01, 熄灭报警: 0x00
10.       //btool、lightblue、ios 均可以发送上述命令
11.       if(newValue==0x00){//熄灭台灯
12.  //LED 电源连接继电器的常开两端,当继电器被低电平触发时,常开将闭合,LED 通电后点亮
13.         P0_7=1;
14.       }else if(newValue==0x01){//点亮台灯
15.  //LED 电源连接继电器的常开两端,此时 GPIO 输出高电平,继电器将保持常开,LED 断电后熄灭
16.         P0_7=0;
17.       }
```

至此,实验代码全部完成。分别编译下载到两个模块中,按下主机的按键 S1 或 S2,可见从机(带继电器的蓝牙设备)上的继电器导通或关断,并且伴随 LED 的变化。

任务三:设计蓝牙温度计

职业技能目标

- 了解数字温度传感器的功能。
- 能够根据应用需求添加用户自定义事件,编写相应的事件处理函数。

任务描述与需求

设计一个蓝牙温度计,基于已经建立的蓝牙通信网络,手机应用程序可以显示蓝牙外设采集的温度数据。

知识梳理

一个蓝牙主机可以同时连接多个从机,当网络中的一个从机发送数据、断开连接后,又可以有新的从机加入网络,而且每个从机与主机断开连接后,又可以加入另一网络,即连接其他主机,这样网络设备可拓展至多个,典型蓝牙拓扑结构如图 5-3-1 所示。

典型的蓝牙组网方式为星形网络,由一个主机负责发起连接、断开连接,连接下一个从机等,主机程序组网流程如图 5-3-2 所示。

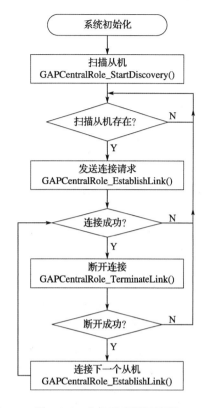

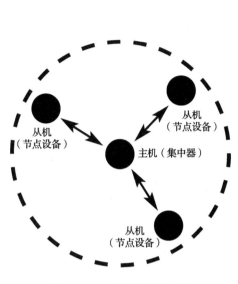

图 5-3-1 典型蓝牙拓扑结构   图 5-3-2 主机程序组网流程

任务实施

1. 编写温度驱动函数

创建一个"ds18b20.c"文件和一个"ds18b20.h"文件，存储在工程文件\Projects\ble\SimpleBLEPeripheral\Source 中。编写"ds18b20.c"文件，代码如下。

```
1.  #include"iocc2540.h"
2.  #include"OnBoard.h"
3.
4.  #define uint unsigned int
5.  #define uchar unsigned char
6.
7.  #define Ds18b20Data P0_6 //温度传感器引脚
8.
9.  #define ON 0x01  //若读取成功，则返回 0x00；若读取失败，则返回 0x01
10. #define OFF 0x00
11.
12. void Ds18b20Delay(uint k);
```

```
13. void Ds18b20InputInitial(void);//设置端口为输入
14. void Ds18b20OutputInitial(void);//设置端口为输出
15. uchar Ds18b20Initial(void);
16. void Ds18b20Write(uchar infor);
17. uchar Ds18b20Read(void);
18. void Temp_test(void); //温度读取函数
19.
20.
21.
22. unsigned char temp,test1,test2; //存储温度信息
23.
24. //时钟频率为32MHz
25. void Ds18b20Delay(uint k)  //调用函数，微秒级延时
26. {
27.   MicroWait(2*k);
28. }
29.
30. void Ds18b20InputInitial(void)//设置端口为输入
31. {
32.   P0DIR &= 0xbf;
33. }
34.
35. void Ds18b20OutputInitial(void)//设置端口为输出
36. {
37.    P0DIR |= 0x40;
38. }
39.
40. //DS18B20 初始化
41. //若初始化成功，则返回 0x00；若初始化失败，则返回 0x01
42. uchar Ds18b20Initial(void)
43. {
44.   uchar Status = 0x00;
45.   uint CONT_1 = 0;
46.   uchar Flag_1 = ON;
47.   Ds18b20OutputInitial();
48.   Ds18b20Data = 1;
49.   Ds18b20Delay(260);
50.   Ds18b20Data = 0;
51.   Ds18b20Delay(750);
52.   Ds18b20Data = 1;
53.   Ds18b20InputInitial();
54.   while((Ds18b20Data != 0)&&(Flag_1 == ON))//等待 DS18B20 响应，具有防止超时功能
```

```
55.    {                                          //等待约 60ms
56.      CONT_1++;
57.      Ds18b20Delay(10);
58.      if(CONT_1 > 8000)Flag_1 = OFF;
59.      Status = Ds18b20Data;
60.    }
61.    Ds18b20OutputInitial();
62.    Ds18b20Data = 1;
63.    Ds18b20Delay(100);
64.    return Status;
65. }
66. void Ds18b20Write(uchar infor)
67. {
68.    uint i;
69.    Ds18b20OutputInitial();
70.    for(i=0;i<8;i++)
71.    {
72.    if((infor & 0x01))
73.    {
74.    Ds18b20Data = 0;
75.    Ds18b20Delay(6);
76.    Ds18b20Data = 1;
77.    Ds18b20Delay(50);
78.    }
79.    else
80.    {
81.    Ds18b20Data = 0;
82.    Ds18b20Delay(50);
83.    Ds18b20Data = 1;
84.    Ds18b20Delay(6);
85.    }
86.    infor >>= 1;
87.    }
88. }
89.
90. uchar Ds18b20Read(void)
91. {
92.    uchar Value = 0x00;
93.    uint i;
94.    Ds18b20OutputInitial();
95.    Ds18b20Data = 1;
96.    Ds18b20Delay(10);
97.    for(i=0;i<8;i++)
```

```
98.    {
99.    Value >>= 1;
100.       Ds18b20OutputInitial();
101.       Ds18b20Data = 0;
102.       Ds18b20Delay(3);
103.       Ds18b20Data = 1;
104.       Ds18b20Delay(3);
105.       Ds18b20InputInitial();
106.       if(Ds18b20Data == 1) Value |= 0x80;
107.       Ds18b20Delay(15);
108.       }
109.       return Value;
110.       }
111.    void Temp_test(void)  //温度读取函数
112.       {
113.       uchar V1,V2;
114.       test1=Ds18b20Initial();
115.       Ds18b20Write(0xcc);
116.       Ds18b20Write(0x44);
117.
118.       test2=Ds18b20Initial();
119.       Ds18b20Write(0xcc);
120.       Ds18b20Write(0xbe);
121.
122.       V1 = Ds18b20Read();
123.       V2 = Ds18b20Read();
124.       temp = ((V1 >> 4)+((V2 & 0x07)*16));
125.
126.       }
```

编辑"ds18b20.h"文件，代码如下。

```
1.    #ifndef __DS18B20_H__
2.    #define __DS18B20_H__
3.
4.    extern unsigned char temp,test1,test2;
5.    extern unsigned char Ds18b20Initial(void);
6.    extern void Temp_test(void);
7.
8.    #endif
```

2. 在工程中添加函数

在工程中添加相应的"ds18b20.c"文件和"ds18b20.h"文件。在路径 Projects\ble\

SimpleBLEPeripheral\Source 中选中文件，单击"打开"按钮，添加文件，如图 5-3-3 所示。

图 5-3-3　添加文件

3．定义相关事件

在"SimpleBLEPeripheral.c"文件中添加头文件，如图 5-3-4 所示。

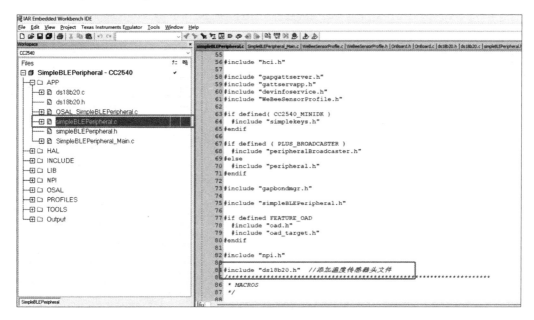

图 5-3-4　添加头文件

在 static void performPeriodicTask(void)函数中修改代码，代码如下。

```
1.  static void performPeriodicTask( void )
2.  {
3.    uint8 T[5];   //温度+提示符
```

```
4.
5.      Temp_test();    //温度检测
6.      T[0]=temp/10+48;
7.      T[1]=temp%10+48;
8.      T[2]=' ';
9.      T[3]='C';
10.     T[4]='\0';
11.
12.     /*******串口打印 ********/
13.     NPI_WriteTransport("temp=",5);
14.     NPI_WriteTransport(T,5);
15.     NPI_WriteTransport("\n",1);
16.
17.     webeesensorProfile_SetParameter( WEBEESENSORPROFILE_TEMP, sizeof
( uint8 ), &temp );
18. }
```

编译无误，下载完成。OLED（有机发光二极管）第一行显示 DS18B20 温度值，实验成功。